星云世界

The Realm of the Nebulae

［美］哈勃　著

尹一凡　译

中国科学技术出版社
华语教学出版社
·北京·

图书在版编目（CIP）数据

星云世界 /（美）哈勃著；尹一凡译 . -- 北京：
中国科学技术出版社：华语教学出版社，2024. 10.
ISBN 978-7-5236-0861-6

Ⅰ . P155

中国国家版本馆 CIP 数据核字第 2024WX4609 号

总　策　划	秦德继
策划编辑	张敬一　林镇南
责任编辑	李振亮　张敬一
特约编审	刘丽刚
封面设计	末末美书
正文设计	中文天地
责任校对	邓雪梅
责任印制	马宇晨

出　　版	中国科学技术出版社　华语教学出版社
发　　行	中国科学技术出版社有限公司
地　　址	北京市海淀区中关村南大街16号
邮　　编	100081
发行电话	010-62173865
传　　真	010-62173081
网　　址	http://www.cspbooks.com.cn

开　　本	880mm×1230mm　1/32
字　　数	98千字
印　　张	6.25
版　　次	2024年10月第1版
印　　次	2024年10月第1次印刷
印　　刷	河北鑫兆源印刷有限公司
书　　号	ISBN 978-7-5236-0861-6 / P・239
定　　价	68.00元

译者序

光从月球到达地球大约需要 $1\frac{1}{3}$ 秒，从太阳到达地球大约需要 $8\frac{1}{3}$ 分钟，从最远的冥王星到达地球大约需要 6 小时。最近的恒星——半人马座 α 距离地球 4.3 光年，距离地球最近的星云——大麦哲伦云大约有 8.5 万光年。

——爱德文·鲍威尔·哈勃

研究者在地球上根据光线观测到的遥远现象都是被观测对象很久以前发射出的光线。虽然我们无法直观地了解遥远天体的当前状态，但是有一个成语——以史为鉴，意为通过历史事件为当下的情况提供参考。与之相似，人类通过天空中传来的历史光芒来推测天体的过去与未来，构建出我们可以理解的系统，从而实现对宇宙起源与终结的推测。

随着人们对未知星空的求知欲持续膨胀，现如今的观测手段也早已不局限于裸眼和望远镜了，本书中的许多结论性数据已然有了新的更替。但这并不意味着本书就失去了价值，哈勃在书中对整体星空的分类、框架、发展趋势等多个维度进行了客观的梳理和总结，同时尽量避免了繁杂的公式和概念。因此，即使是初次接触天文学的爱好者，也可以从哈勃先生通俗易懂的描述中理解各种天文概念。本书可以作为天文学历史上的一个阶段性总结，为读者构建一个天文学的架构体系，带领读者感受天文学黄金年代的辉煌与成就。正是这些不可思议的发现，不断地激发着人类的好奇心与求知欲，使人类勇敢地探索未知的新世界——宇宙，这个人类共同的最后的边疆。

尹一凡

目　录

▶▶ CONTENTS

介绍

_____

科学探索

科学研究是一项真正在持续进步的人类活动。实证知识主体得以代代相传，每一代都对不断成长的知识体系做出贡献。牛顿说过："如果说我看得更远，那是因为我站在巨人的肩膀上。"如今，最不起眼的科学从业者也可以获得更广阔的前景。但即使把巨人们的成就都合并在一起，在科学这座宏伟的建筑前也相形见绌。我们不会知道，牛顿如果在今天能够看得多远。而在明天或者一千年以后，甚至我们的梦想也可能会被遗忘。

科学的这种卓越特质也是有代价的，那就是对主题的严格限制。正如坎贝尔所说，科学得出的判断，更可能达成普遍的共识。这些数据不是独立事件，事件或特性之间不变的联系就是所谓的科学定律。共识是由观察与实验来作保的。这些实验代表了所有人为了生存，都必须要承认的客观权威。

既然科学只是这样处理判断，那它就必然被排除在价值世界之外。那里没有已知的客观权威。每个人都会求助于各自内心的神灵，并不承认有更上级的申诉对象。学识是个人的成就，难以传承下去。萨顿写道：

> 如今的圣徒并不一定比一千年前的圣徒更加圣洁，我们现代的艺术家并不一定比早期希腊艺术家更伟大，现代人甚至可能更低等；同样，我们的科学家并不一定比过去的科学家更聪明，但有一点是肯定的，以前科学家的学识更广泛且更精确。对证据确凿知识的收集和系统化处理，才是人类唯一的真实积累和进步的活动。

运用于适当领域内，科学方法是高效且强大的。该领域必须是封闭的，且在主题上达成共识而被划定界限。确实，这种方法是非常成功的，而且人们不断尝试将它们应用于其他领域，用于研究事物应有的状态而非其现状。然而结果通常并不令人信服。如果制定了价值的评估标准，那很可能与科学的推演没有太多共同之处。然而，科学研究的氛围（公正的求知欲、可控的想象力和对客观实验的热情）绝不是独一无二的，它通常在那些禁止科学方法的领域可以产生确切的影响。科学研究人员愿意相信，这种影响通常都是有益的。下文将对科学的特殊方法进行讨论，但它的特点是通过研究尝试发现规律并通过理论解释规律，终极目标是理解我们所在的世界的物理结构和运行方式。

实际上，调查的方式多种多样，其中有两种比较典型：一种是强调观察方法，另一种是强调理论观点。观察者一般开始于一组孤立数据及其不确定因素的积累。通常采用绘图法对材料进行研究，并发现各种特性之间的关系。

例如，这些数据可能包含星云的光度和它们在光谱中的红移。这些专业术语将会在后面解释；就现在而言，我们可以仅仅把它们看作 A 和 B 两个可测量的物理量。当参考其中一个物理量去标绘另一个物理量的时候，就平均而言，它呈现出红移随着光度减小而增加的特点——星云越暗，红移量越大。即使是以定性的方式得到这样的结论也是意义非凡的，但是如果将这两个物理量的关系用量化形式精确地建立起来，那么其意义将剧增。

标记出来的点构成了一张散点图，通过这个散点图可以连出许多不同的相关性曲线，所有这些曲线都能以一种合理并令人满意的方式表示特定的数据。观测者从这些可能的关系中选出与普遍共识相符合且最简单的一个。在特定情境下探讨，被采用的对应关系（之后讨论），红移同距离之间的线性关系与星云暗弱程度所表现的相符。

这个关系看似合理但不一定唯一。真实的关系有可能是一条曲线，在观测范围内接近直线，但在超出最暗的星云之外的区域可能与直线相差甚远。这种可能性可以将采用的关系外推（到迄今为止未观察到的区域）并通过重新观测进行检验研究。修正最初采用的关系，这个过程可能是轻微的或者是较为重要的修正：有人说过研究是不断向前的多次近似算法。不过在对红移的研究中，并未显示出任何明显需要修正的部分。这个线性关系经受住了这种形式的反复验证，并且已知，其至少在现有仪器所能进行的最远空间观测范围内是成立的。

因此，研究得出了一条新的规律——在极限观测范围内，红移是一种近似线性的函数。在观测极限外，函数的形式或关系是具有推测性的。因此，这个定律是经验性的，直到一个公认的理论可以解释它之前，它必然一直是经验性的。一些学者认为适合的理论已经形成，而且他们的观点可能是正确的。这个问题将随着未来的深入研究而得到解决。

前面已经详细探讨了红移的特殊情况，更准确地说是这项研究的简化版本，因为对于观测方法它提供了一个合理的解释。通过研究一组独立的数据，并在通用的知识背景下解释结果，之后便是推断、验证和适当的修订。这些观测和表示其中关系的规律是对知识体系的永久贡献；这种解释和理论随着延伸的背景而变化，该研究向外不断拓展，并且围绕一个特定的区域——实证知识领域。在这范围之外，是推测的领域。观测者如果去冒险一试，那他只能将经验所得规律抛开，并寻找与其他核心推断矛盾的地方。

理论研究者采用另一种研究方式，即研究观测者所建立的独立的经验定律。研究者在其中寻找一些通用的要素，并把各种观测到的关系汇聚成统一的表述。简而言之，理论研究者们努力去构造一种理论来解释这些定律。

研究这个统一的理论方法可以通过逻辑推理，也可以依靠直觉——无论哪种方法都是无形的。其重点在于解释已观测到的关系和预测新关系的能力。一个基本理论和各种关系可以轻易地从这个统一理论推导而出，这种模式适用于宇宙的某些方面，甚至适用于整个宇宙。作者将他的理论模型套用在周围的世界，以了解两者之间的相符程度。已知的经验定律自然会逐步合理，如果作者有能力的话，也可能预测出新的定律。这场冒险是否成功，很大程度上取决于预言的关系能否得到验证。如果不能进行这样的测试，那么该模式的价值就必须由已知但如今尚不相关的现象中提出的规则与相似度来度量。除非是高度系统化的，否则这个理论将被当作推测。

很多理论被公式化，但只有相对较少的理论能经受得住考验。总的来说，幸存的理论必须不时地进行修订，以符合不断扩大的知识体系。构建理论的能力是极具个人色彩的，因为这涉及艺术、想象力、逻辑和更多的方面。一个杰出的天才可能会发明一种成功的新理论，水平一流的人可能会效仿并在相同模式下发展出其他理论，能力不强的人则对检验预言的习惯做法感到无所适从。

理论研究者的工作经常是从周边通向中心进行，而观测者则是从中心向外进行研究。从某种意义上来说，前者是向内推断，而后者是向外推断。当两者一致时，它们会激发人们对于基本模式的重要信心。

这两者之间很少像前面讨论的那样有明显区别。几乎每一项研究都兼有这两种方法，它们可能以不同的比例呈现在其中。从事研究的人试图满足他们的好奇心，并善于使用任何合理的手段来帮助他们接近模糊的目标。少数的几个普遍特征之一是对未经证实的推测保持合理的怀疑态度。在设计出测试方式之前，这些都仅是一些谈资。只有这样，它们才能正式成为可研究的课题。

　　本文的作者主要是一位观测者。接下来的章节描述了天文学研究发展的一个新阶段——对星云世界的探索。重点放在观测数据上，即已经被整理好的实证知识，而非理论性或推测的解释。后者已经在科普读物中得到了充分的开发，并写成了许多书，其中一些也激发了读者的想象力。而大部分的观测数据都无声无息地存在于专业期刊中。本书中的参考资料主要取于原始数据，而不是对数据的再讨论。

　　这些原始材料中的大部分也可能让普通读者感兴趣。它以一种相当简易的方式展示了科学研究的历史案例。即使在开始没有掌握大量专业词汇的情况下，也可以对这种鲜为人知的活动有所了解。这是一个新的课题，数据粗略，已经充分认识到在形成阶段进行过度讨论的危险性；因此，处理方式通常是直接的，不需要精细定量调查中使用的复杂工具。例如，对数据的分析基本都是图解形式而不是数学形式的。自然地，原始材料中经常会遇到专有名词。其中有几个用起来非常方便，因此会在本书通篇使用，有关它们的解释构成了以下章节必不可少的入门级介绍。

天文学的语言

　　天文学和其他学科一样，都有自己的专业词汇和精确的定义。这些名词所表达的含义总是相同的，而且也不会使用其他词语来代替，不会为了精确性而牺牲了多样性。有些术语有着悠久的历史。这些词本身很常见，但其专业含义却与日常用法相去甚远。另外一些术语是最近新增的，为了避免相关概念的混淆而被谨慎地设计出来。这样的结果导致普通读者对于专业词汇是十分陌生的，许多相对简单的科学报告也似乎披上了一层晦涩的斗篷。翻译成通俗易懂的语言是一门困难的艺术，常常因为似是而非的解释而模糊了真正的含义。因此，一些更常用的术语将被用于纯技术层面。这些术语被限制在距离和光度的单位内，这样对于某些类型的变星，无论在哪里发现它们，都可以通过它们的行为来加以识别。接下来是术语表，最后以对星云这个词进行简要的讨论来结束本章内容。

距离单位

本书偶尔会使用英里 ① 和千米，但是过大的距离会用光年（light-year, l. y.）或秒差距（parsecs, par.）来表示。光年代表光在一年里走过的距离。由于光速约为每秒 186 000 英里，一光年换算成英里数大约是 6 后面跟着 12 个 0（5.88×10^{12} 英里 $\approx 9.47 \times 10^{12}$ 千米）。

光从月球到达地球大约需要 $1\frac{1}{3}$ 秒；从太阳到达地球大约需要 $8\frac{1}{3}$ 分钟；从最远的行星冥王星到达地球，大约需要 6 小时。最近的恒星［半人马座 α（Alpha Centauri）］距离地球 4.3 光年，距离地球最近的星云（大麦哲伦云）大约有 8.5 万光年，目前已

---

① 1 英里 ≈ 1.61 千米。——编者注

拍摄到的最暗弱的星云（100英寸①反射望远镜的极限）平均距离
地球大约为 5 亿光年。

除了较近的恒星，其他的距离都是无法精确测定的。10% 的
误差就可以认为是很小的，25% 的误差则表示在精确度的允许范
围内。在这种情况下，距离一般用整数表示，只使用一个或两个
有效数字。

秒差距是一个新造的专业名词，用于表示视差 1 角秒所对应
的距离。在很多计算中使用这个单位是非常方便的，因此它普遍
用于专业论文中。在之后的章节中很少会用到它，在这些章节中
通常用光年来表示距离（1 秒差距 ≈ 3.261 光年）。

在这里，为那些可能感兴趣的人列出如下的推导过程。天文
单位（本书中未使用）是地球到太阳的平均距离，9.29×10^7 英
里 ≈ 1.496×10^8 千米。一个天体的视差是当天体所处距离被看到
时天文单位所张开的角度。现在，1 角秒的角度所对应的天体，
其距离是其直径的 206 000 倍。因此，秒差距约为 1.92×10^{13} 英
里，或如上文所述，约为 3.261 光年。

较近恒星的视差是通过直接三角测量法从地球绕太阳轨道的
两个相对位置进行测量的。已知最大的恒星视差，即半人马座 α
的视差约为 0.75 角秒（距离 = $1\frac{1}{3}$ 秒差距 = $4\frac{1}{3}$ 光年），0.01 角秒
的视差（距离 = 100 秒差距 = 326 光年）可以在合理范围内测量

① 1 英寸 ≈ 2.54 厘米。——编者注

其精度。许多间接方法用于估算更大的距离，使用这些直接确定的距离来校准。

视星等

光度用星等来表示。虽然是现代对精确度进行了校准，但它的使用方式是从古代传承下来的。古代天文学家记录恒星的视光度主要是将其作为辅助手段帮助自己鉴别恒星。最早的分类可能是根据自然可见进行分组：明亮、中等和暗淡。后来，每个组可能又被细分为两个部分。不管怎么说，现存最古老的恒星星表是在公元 2 世纪上半叶由托勒密撰写的《至大论》（*Almagest*），其中采用的是六等分类法。这一方法一直延续到现代，并为现行的等级系统提供了基础。

这些分组后来被称为星等。大约有 15 颗最亮的恒星属于一等星，而肉眼所见的最暗淡的恒星则属于六等星。中间五个等级表现出的光度比大致相同。每个星等都以一个近似但未确定的系数比相邻星等更亮或更暗。因此，一等星的亮度是二等星的 2.5 倍，是三等星的 $(2.5)^2 = 6.25$ 倍，是四等星的 $(2.5)^3 = 15.625$ 倍，是五等星的 $(2.5)^4 = 39.0625$ 倍，是六等星的 $(2.5)^5 = 97.65625$ 倍。这个方案是凭直觉得到的，根据现在的费希纳定律的关系，眼睛能区分的是等量的亮度而不是等量的亮度增量。

几个世纪以来，人们不加批评地接受了托勒密的星等光度。即使在当代，视光度的独立估计开始积累，所有星等不断地分成二等、三等和十等，仍然采用了相同的分类系统。用望远镜观测到的恒星星等数值大于 6。最终，人们意识到了等分标度精确度的重要性，从而对常数因子或光度比的值，进行了仔细的研究。研究有各种各样的结果，但在大多数情况下它们大约是 2.5。最后，在 1856 年，普森（Pogson，1829—1891）在牛津的拉德克利夫天文台上，提出了一个被普遍认可的建议。他说，作为一个任意但非常方便的比例值，我们采用数值 2.512……，它的对数正好是 0.4。假设一等星的亮度正好是六等星的 100 倍，该范围分为比例相等的五级。100 的对数，也就是 2.0，被 5 除得到 0.4，这也就是连续星等之间光度比的对数。这个等级体系与古老星表中使用的等级体系没有太大的区别，目前仍在使用。

国际上已经一致认可了零星等，已发布的位于北天极附近天区的一个标准恒星序比较确定。其他恒星的星等是通过直接或间接的与标准星等进行比较来确定的。

星等不是与光度成正比，而是与光度的对数成正比。如果 L_0 是一颗标准恒星的光度，其星等（由共识规定）为 m_0，那么任何其他亮度为 L 的恒星的星等 m，可以由以下关系式得出：

$$0.4\,(m - m_0) = \lg\left(\frac{L_0}{L}\right)$$

$$m = m_0 + 2.5\lg\left(\frac{L_0}{L}\right)$$

该方法十分便捷，因为可以轻松并准确地测量出光度比 $\frac{L_0}{L}$，虽然独立光度的绝对值 L_0 和 L 很难被确定。

此处有两点需要注意。第一，星等是缓慢增加的，而对应的光度比却是迅速增加的。因此，星等相差 0.1 相当于光度比为 1.1∶1.0，而星等相差 10 则对应的光度比为 10 000∶1。如表 1 所示的这个简短的对应数值表格突出了这种关系。

表 1　星等差与光度比

$m - m_0$	$\dfrac{L_0}{L}$	$m - m_0$	$\dfrac{L_0}{L}$
0.1	1.1	5	100
0.5	1.6	7.5	1000
1.0	2.5	10	10 000
2.0	6.3	15	1 000 000
2.5	10.0	20	100 000 000

　　第二，星等的值是随着光度的减弱而增加的。星等衡量的是暗弱程度。一个巨大的星等，比如 ＋20 指的是一颗极其暗弱的恒星，然而很小的星等，比如 ＋0.1 则表示一颗明亮的恒星（织女星）。更亮的光度会使用负星等表示。天空中最明亮的天体是太阳，其星等约为 －26；满月的星等，约为 －11；金星的星等，约为 －3。

　　还有两颗恒星为负星等——天狼星是 －1.6，老人星约为 －0.5。除此之外，其他恒星的星等都是正数（除了那些偶尔出现的新星在它们最亮值的前后时间段的星等除外）。用最大的望远镜可拍摄到的最微弱的恒星星等是 22，比天狼星大约暗 30 亿倍。

　　星等系统有许多，但都建立在相同的等级标准基础上，即：

$$m = m_0 + 2.5\lg\left(\frac{L_0}{L}\right)$$

其中，m_0 是任意定义的。这些系统通过给符号 m 赋予不同的下标来进行区分。

因此 m_{pg} 表示照相星等。[①]然而，由于随后的章节几乎只使用这一系统，所以从这里开始符号 m 的下标将被删除，仅用于表示照相星等。

这些量代表的是蓝紫色光度。目视星等或近似等效的视星等，代表的是黄色光度。红色的恒星在视觉上比照片上更亮，而蓝色恒星的这种关系则相反。因此视星等和照相星等之间的差异，称为色指数（C. I.），用于测定一个物体的颜色。这两个星等系统经过调整后，使得白星（光谱型为 A0）的色指数为零。因此，蓝色恒星的色指数为负，而黄色或红色恒星为正。大多数普通恒星的色指数范围是 0.4 到 + 2.0 星等，虽然也可能会发现超出限制的例外（比如非常红的 N 型恒星）。太阳是一颗黄色的恒星，色指数约为 + 0.6 星等。

目前为止所讨论的星等称为视星等，用符号 m 表示。它表示天体在天空中出现时的光度，并表示距离和本征光度（或烛光量）的组合。例如，一颗视星等为第 11（$m = 11$）的恒星，可能是一颗近距离的矮星，或者是很远的一颗巨星，抑或是任意中间的组合。

---

① 照相星等：用蓝敏照相底片测定的星等。——译者注

绝对星等

本征光度是通过绝对星等进行计量的，用符号 M 来表示。它们与视星等的等级标准一致，而且和之前一样，其零点是任意定义的。实际上，绝对星等 M 仅仅是一个天体与观测者相距某一标准距离时所表现出的视星等 m。根据定义，标准距离为 10 秒差距或 32.6 光年。当处于这个距离时，用裸眼无法看到较暗的矮星，却刚好可以看到太阳，而最亮的巨星将超过金星，并且可以在白天看到。普通星云的亮度是满月的几倍。

当位于标准距离 32.6 光年时，$m = M$。在任何其他距离时，差值 $m - M$ 是已知的距离函数（实际上它有时也叫作距离模数）。这个关系是：

$$\lg d（秒差距）= 0.2（m - M）+ 1$$

或

$$\lg d（光年）= 0.2（m - M）+ 1.513$$

m 是可观测到的。因此，如果已知 d 或 M 这两个量中的任意一个，就可以很容易地计算出来另一个。长距离的估算方法几乎完全基于这个简单的关系式。各种类型的恒星的绝对星等均是通过其已知距离来确定的。因此，无论在哪里识别到恒星的类型，视星等都是可以测得的，而且距离可以根据 $m - M$ 的差值推导出来。

造父变星的周光关系

该方法的一个应用在星云研究中有着特别重要的影响。这类恒星根据其典型代表造父一星（Delta Dephei）的名字，被称为造父变星。它们是脉动变星，迅速变亮并且缓慢变暗，规律且不断地重复着这个循环。对于单个恒星来说，周期（一次循环的时长）是恒定的，但是不同的恒星其周期不同，从大约一天到一百天不等。对于一颗给定的恒星，亮度的变化范围也是恒定的，但在一组恒星中，光度的变化范围为 0.8 ～ 2.0 星等。根据这些特征，无论在任何地方都可以很容易地辨认出造父变星。

在银河系的恒星中已知的造父变星有数十颗，但它们分布稀疏，即使是最近的造父变星同样距离地球很遥远。因此，确定距离从而得到绝对星等，成为一个困难的问题。在完全解决这个问题之前，在小麦哲伦云的造父变星中发现了一个具有重要意义的新特征。

小麦哲伦云是一个独立的恒星系统，是银河系的近邻，实际上它是一个伴星云。它为研究与观测者的距离差不多的一组恒星提供了一个独一无二的机会。它是如此遥远，以至于只能观测到较为明亮的恒星（巨星和超巨星），但这一缺点被另一件事实所弥补，即在此星云内，相对亮度也是绝对亮度。

哈佛大学天文台对该星云展开了调查后，发现了几百颗变星。其中一些得到了细致的观测，这当中的大多数变星被确定为造父变星。早在 1908 年，对此进行研究的莱维特小姐就指出，最亮的造父变星比较暗的造父变星周期更长（脉动更缓慢）。1912 年，她宣布了一个明确的周光关系。周期的对数直接随中位星等（最大值与最小值之间的中点）而增加。因此，如果得知了任一造父变星在星云中的周期，就可以确定其视星等。这种关系明显地体现了造父变星的某些固有特征，这些特征可能在所有这类恒星中都能找到，无论它们在星云中的哪里，在星系中或者其他地方。如果可以利用数字方程式定标这一关系，也就可以确定任一周期值的绝对星等。既然可以轻易地识别造父变星，也就提供了一种有效方法来估算遥远距离。

赫茨普龙（Hertprung）立刻意识到了周光关系的意义，并在 1913 年进行了第一次定标。他根据 13 个造父变星的视差动（太阳在恒星中运动的反映）确定了它们的平均距离。个体的距离是非常不确定的，但是这个集合的平均值相当可靠，并提供了一个与特定平均周期相对应的平均绝对星等。这些数据使他能够定标周光关系，对星云的距离做出暂时性的估算，并检查造父变星在银河系中的分布。

五年后（1918 年），沙普利（Shapley）重复了这些计算并实质性地修正了定标。后来，根据沙普利提出的变更，形成了现在的周光关系。没有更进一步修订的必要了。因此，无论在哪里发现了造父变星，通过周期可以表示出其绝对光度，然后通过亮度测量出它的距离。正是通过这种方法，人类首次确认了星云的可靠距离。

星云与河外星系

星云是太阳系之外的天空中云雾状天体的名字，这个天文学名词是经过几个世纪长期流传下来的。这些天体的解释经常发生变化，但这个名字却一直沿用。

人们曾经认为，所有的星云都是恒星群或星系；后来，人们发现其中一些星云是由气体或尘埃组成的。随着新理论的不断发展，各种各样的新名字涌现出来，但最后这些名字都没有流传下来。使用中等倍率的望远镜可以轻易地分解某些星云，以及一些明显是从属于星系系统的成员，这些已经从星云名录中移除并形成了一个独立且有区别的天体类别。

目前，有两种完全不同的天体在使用星云这个术语。一种是由尘埃和气体组成的云雾状天体，它们数量不多，分散在星系系统的恒星之中，被称为河内星云。另一种是剩下的天体，它们数以百万计，现在被认为是独立的恒星系统，分布在星系系统之外的宇宙空间中。本书沿用了这一术语，除此之外，由于会频繁地提到河外星云，之后将省略"河外"这个限定词。因此，除非另有说明，本书中的星云一词只代表河外星云。

一些天文学家认为现在已知星云是恒星系统了，就应该用其他名字来命名，这样就没有云或雾的含义了。这样的修订可能是有用的，但是到目前为止天文学家还没有提出过完全合适的替代名称。最常被讨论的提议是重新使用"河外星系"一词。星系（galaxy）的权威定义是银河（Milky Way），尤其是这个词的形容词形式（galactic），也通常表示这个意义。但是一种转借和比喻用法也进入了文献。星系系统有时被认为是其最显著的特征，而且整个恒星系统用星系这个术语来形容，银河系（galactic system）这一术语是天文学家根据其最显著的特征来命名的，而且等同于用专业术语星系来表示一个整体的恒星系统，遵循这种叫法的人通常将其他恒星系统称为河外星系。

这一术语可能会有某些异议。纯粹主义者会说，我们自己的恒星系统是银河系，但不是星系；一个独立的恒星系统既不是这一个也不是其他的。此外，虽然将一个新含义赋予一个旧术语有时很方便，但继续同时使用这两个含义的术语是不可取的。然而，术语的用法并不总是由逻辑决定。已有的定义可能会被抛弃，而重新出现的旧含义可能会盛行。无须做任何预测。星云一词呈现了传统的价值，星系一词则呈现了浪漫传奇的魅力。

星云的命名

每个星云通常根据其在梅西耶（Messier，1730—1817）和德雷尔（Dreyer，1852—1926）星表中的数字来命名。在 18 世纪下半叶，梅西耶编订了包含 103 个明亮星团和星云（涉及银河系内和银河系外的）的星表，至今人们仍然通过他们的梅西耶星表编号来了解这些引人注目的天体。其中包括 32 个河外星云。例如，三角座中的大螺旋星云是梅西耶 33 号，也称为 M33。

德雷尔的新总表（通常被称为 NGC）汇总了 1887 年底已知的全部星团和星云（包括河内和河外的）。有两个附录——索引星表（IC），补充了至 1907 年底的已知星团和星云。由于第二份附录延续了第一份附录的编号，因此没有对两份索引目录额外区分的必要。新总表中的 7840 个天体和索引星表中的 5386 个天体，大多数都是河外星云。总体来说，NGC 星表中的星云比 IC 星表中的更亮，当然 NGC 也包括了梅西耶星表内的天体。因此 M33 也被称为 NGC598。

自 1907 年以来，通过照相记录的星云数量迅速增加，NGC 星表变得既不实用也不重要了。许多名录都是为了特殊目的而编写的，但只有一个星表在普遍意义上覆盖了整个天空。这个就是哈佛测量的比第十三星等更亮的星云，其中包含了 1249 个天体（1188 个 NGC 星云、48 个 IC 星云和 13 个其他星云）。未被列入的单个星云，可以根据它们在天空中的位置来命名，或者参考一些已知坐标的天体。

第一章
太空探索

　　对太空的探索直到最近才深入星云的领域。在过去的十几年里，人们已经借助大型望远镜进入了未知的领域。现在已经确定了宇宙的可观测区域，而且初步的侦察工作也已经完成。接下来的章节是关于各阶段勘测的报告。

　　我们居住的地球是太阳系的成员，一颗行星。太阳是数百万颗恒星中的一颗。恒星系统是一群独立分布在太空中的恒星。这些恒星在宇宙中漂泊，就像一群蜜蜂在夏日的天空中缓缓飞过一样。从我们在星系中所在的位置，透过恒星群向外看去，可以望向更远的宇宙。

　　宇宙的大部分区域是空无一物的，但在任何地方，我们都发现了与我们所在的恒星系统相似的其他系统，它们之间距离遥远。它们是如此的遥远，除了在最近的星系中，我们看不到构成那些恒星系统的单个恒星。这些巨大的恒星系统看起来就像昏暗的光斑。很久之前，"星云"或"云"是它们的名称，这些神秘天体的本质是人们最喜欢猜测的主题。

现在多亏有了大型望远镜，让我们对星云的性质、真实尺度和亮度有所了解，以及仅通过它们的外观就能判断出它们距离的大致次序。它们分散在空间各处，远至通过望远镜才能看到的地方。我们能观察到一些巨大且明亮的星云，这些是离我们较近的星云。然后我们找到了更小更暗的星云，这类数量在不断地增加，我们正在越来越远地深入太空，直到用最大的望远镜探测到最暗弱的星云，至此我们便到达了已知宇宙的边界。

这最大的视野范围边界定义了空间的可观测区域。它是一个巨大的球体，直径可能有 100 亿光年。在这个球体上散布着上亿个处于不同演化阶段的星云——恒星系统。这些星云有单独分布的，也有成群结队的，偶尔也有巨大的星云团，但是当在较大的空间体积内比较时，星云团的分布趋势趋于平均。在望远镜的视野极限处，星云的大尺度分布几乎是均匀的。

我们还发现了可观测天区的另一个普遍特征。从星云发出到达我们的光，其变红的程度与它经过的距离成正比。这一现象被称为"速度 – 距离关系"，理论上，它经常被解释为这些星云都在向远离我们星系的方向运动，其速度与距离成正比。

不断延伸的视野

本概述大致介绍了目前对星云领域的理解。这是开始于很久以前的一系列研究成果的巅峰。天文学的历史就是一部视野不断扩大的历史。知识以连续波的形式传播，每一波都代表着理解观测数据后对一些新线索的利用。

太空探索呈现出这样的三个阶段。首先，这些探索仅限于行星世界，然后扩展到恒星世界，最后进入星云世界。

每个阶段之间都隔了很长的时间。尽管古希腊人早已清楚地了解地月距离，但直到 17 世纪下半叶才确定了太阳的距离顺序和恒星的距离尺度。恒星的距离刚好是在一个世纪前（19 世纪）最先被确定的，而星云的距离则是现在确定的。这些距离是基础的数据。在距离被确定之前，任何进展都是不可能的。

早期的宇宙探索止步于太阳系的边缘，如此巨大的虚空延伸至较近的一些恒星。那些恒星都是未知数。它们可能是相对较近的小天体，也可能是距离非常远的大块头。只有当一小部分恒星样本的距离得到了实际测量，架通了这条鸿沟，这些太阳系之外的"世界居民"的性质才能得到确认。随后，从目前熟悉的恒星当中的某一确定起点出发，深入的探索迅速遍历了整个恒星系统。

当面对更加广阔的虚空时，探索再次止步，但再一次，当设备和方法有了长足的发展，这条鸿沟便可通过测量几个较近的星云距离而被架通。再一次，随着这些居民的性质为人所知，探索活动便更为迅速地遍历整个星云世界，只有到达最大望远镜的极限之处才会暂时止步。

岛宇宙理论

这是关于探索的故事。它们是随着测量尺度的发展而谱写的，其扩大了事实性知识的范围。推测总是先于探索而行。推测曾一度覆盖到整个领域，但通过探索它们不断地被排除，至今它们只能对望远镜可视范围之外，对整个宇宙中未被探索的黑暗领域提出无可争议的主权诉求。

这些推测使用了各种形式，其中大部分已经被遗弃了。经得住测量尺度考验的推测均建立在自然界的均一性原理上——假设宇宙中的任意大样本均与其他样本十分相似。在测定出星云的距离之前，此原理就已经被应用于恒星上。既然恒星对于测量设备来说太过遥远，那么其必须具备的条件就是足够明亮。已知最亮的天体是太阳。因此，恒星被假设为都像太阳一样，因而距离可以由它们的视暗弱程度估算出来。以此类推，一个独立存在于空间中的恒星系统的概念早在1750年就已经得到了系统阐述。其作者托马斯·莱特（Thomas Wright，1711—1786）是一位英国的制造商和私人教师。

但莱特的推测超出了银河系。一个独立存在于宇宙中的恒星系统并不能满足他的哲学精神。他设想了其他类似的系统，并且他还提到了被称为"星云"的神秘云状物，作为可以观测到的证据。

五年后，伊曼努尔·康德（Immanuel Kant，1724—1804）以某种形式发展了莱特的概念，其形式在接下来的一个半世纪里基本没有改变。康德为这个理论的部分评论提供了一个基于均一性原理的极好实例。一个相对通俗的译文如下：

现在我要转向我的体系中的另一部分，因为它暗示了创世计划的一种崇高理念，所以在我看来，它是最吸引人的。引导我得出这个结论的一系列观点非常简单和自然。我的观点是这样的：假设有一个星系，恒星聚集在一个共同的平面上，就像银河系一样，但它离我们很远，即使用望远镜我们也分辨不出构成它的恒星；让我们假设它的距离如同我们与银河系恒星之间的距离相比，其比例等同于银河系恒星间的距离与地球到太阳的距离之比；对于站在那么远的地方观察它的观察者来说，这样一个恒星世界只是一个微弱的光点而且张角非常小；如果它的平面与视线垂直，那么它的形状就是圆形，而如果从一个倾斜的角度去观察，那它的形状就是椭圆形。如果存在这种现象，那么它微弱的光线、它的形状和它的视直径将会明显地把它和周围单独的恒星区分开来。

　　我们不需要在天文学家持久的观测结果中寻找这样的现象。不止一位观测者看到过它们，观测者对它们奇怪的外观感到惊讶，并推测出了最惊人的解释，有时也提出了更合理但没有依据的学说。星云，或者更确切地指一种特殊的天体，莫佩尔蒂先生（M. de Maupertius）是这样描述的："这些都是极小的光斑，只比黑暗的天空背景略亮一些；它们有一些共同点，它们的形状大都是明显的椭圆形；它们的亮度比天空中任何可以看到的其他天体都要暗弱得多。"

康德随后提到并否定了德勒姆（Derham）的观点，即光点是穹顶的孔洞，通过它可以看到炽热的最高天；也否定了莫佩尔蒂的观点，即星云是巨大的单个天体，由于快速旋转而变平。康德接着写道：

> 更加自然且合理的假设是，星云并不是一个独特的、独立的恒星，而是一个由无数个恒星组成的系统，它们看起来似乎挤在一个有限的空间里，每颗恒星单独发出的光亮是难以察觉的，但由于它们的数量巨大，以至于它们的光亮足以给人一种苍白而均匀的光泽感。将它们与我们自己的恒星系统进行类比：它们的形态，根据我们的理论正是它应该有的形态；暗淡的光，表示着无限远的距离；所有这些都显示出惊人的一致，使我们认为这些椭圆点与我们自己的系统是有着相同秩序的系统，总之，它们是与我们已了解构造的银河系相似的其他系统。如果这些假设中的类推和观察一致且可以互相验证，则和有正规证据的证明具有相同的价值，那么我们就必须考虑将这样的系统当作是已经证明的……
>
> 我们看到，在太空中无限远的地方，存在着类似的恒星系统（云雾状天体、星云）。而在这个无限辽阔的范围内，这种造物处处都因规则而组织成了系统，其成员彼此相关联……广阔的领域仍有待发现，而仅仅是观察就能给出答案。

这个后来被称为"岛宇宙"的理论，在哲学思辨体系中占据了永久的地位。天文学家本身很少参与这种讨论：他们研究的是星云。而到了 19 世纪末，随着观测数据的积累，星云身份的问题突然变得重要起来，岛宇宙理论也随之成为一种可能的答案。

星云的本质

（a）问题的描述

观测者最初已经利用裸眼观察知晓了少数几个星云，之后伴随着望远镜的发展，已知星云的数量也在增长，增长速度由慢变快。当时，星云研究领域的第一位杰出领袖威廉·赫歇尔爵士（Sir William Herschel，1738—1822）开始了他的巡测，最全面的名录是梅西耶（Messier）发布的，其中最后一版（1784年）包含了103个最显著的星云和星团。这些天体如今仍然以梅西耶编号为人所知，比如仙女座的大旋涡星云是M31。威廉·赫歇尔爵士编订了2500个天体的星表，他的儿子约翰爵士（1792—1871）将望远镜运到了南半球（位于南非开普敦附近），在此星表中又增加了更多的天体。如今可以定位到的星云位置大约有2万个，而在照相图版上被识别的星云数量可能是这个数字的10倍。星表的规模早已不再重要。现在更需要的数据是从广泛分布于天区的样本中，只取样比视星等的连续极限更亮的星云的数量。

伽利略用他的第一台望远镜将一个典型的"云雾状天体"（鬼宿星团Praesepe）分解为一群恒星。随着更大的望远镜的出现和持续的研究，许多更显著的星云同样被分解。威廉·赫歇尔爵士得出结论，只要有足够的望远镜倍率，所有的星云都可以被分解成恒星群。然而，他在晚年时改变了自己的立场，承认在某些情况下存在一种根本无法分解的发光"流体"。威廉·哈金斯爵士（Sir William Huggins，1824—1910）在1864年用一台分光镜充分证明了某些星云是大量的发光气体。

哈金斯的结论清楚地表明，星云并不都是某一单个均质星群中的成员，在将它们进行系统性的有序归类之前，需要先进行某种分类。可以被分解成恒星聚集的星云被从名录中去除，并形成一个单独的研究部门。它们被认为是银河系的组成部分，因此与岛宇宙理论无关。

不可分解的星云最终被划分为两种完全不同的类型。一种类型由相对较少的星云组成，这些星云被确认为无法分解的尘埃和气体云，它们混合在银河系的恒星之间，并与之紧密联系。它们通常在银河系带内被发现，就像星团一样，很明显是银河系的成员。出于这个原因，它们从此被称为"银河系"星云。它们进一步可以细分为两组，"行星状"星云和"弥散状"星云，通常简称为"行星状星云（planetaries）"和"星云状物质（nebulosities）"。

另一种类型由大量对称的小天体组成，在除银河系以外的地方随处可见。在大多数（尽管不是全部）天体中发现了螺旋结构。他们有许多共同特征，似乎形成了一个单独的类群。它们曾被赋予了不同的名字，但要格外提一句的是，它们现在被称为"河外"星云，并被简称为"星云"。

尽管星云如今已被阐释为恒星的聚集，但因为其距离完全未知，所以其身份是不确定的。它们完全超出了直接测量的极限，与此问题相关的少量间接证据可以用多种方式来解释。星云可能是相对较近的天体，因此是恒星系统的成员，或者它们可能距离非常遥远，因此是外层空间的一员。至此，星云研究的发展直接接触到了岛宇宙的哲学理论。该理论基本上成为星云距离问题的一种可供选择的答案。距离问题经常会以这样的形式被提出：星云是岛宇宙吗？

（b）问题的解答

这个情况在 1885 年至 1914 年间取得了进展；从旋涡星云 M31 中明亮新星的出现激发了人们对距离问题的新兴趣，到斯里弗（Slipher）发布的第一个重要的星云视向速度的广泛性列表，它提供了一类新的数据并激励人们认真地寻找这一问题的答案。

十年之后观测者们发现了这个问题的答案，主要借助于在此期间落成的一台大型望远镜，即 100 英寸反射镜。在最为引人注目的星云中，有几个星云被发现远远超出了银河系的界限，它们是在银河系外空间中独立的恒星系统。进一步的研究表明，其他更为暗弱的星云是距离更远的相似系统，因此岛宇宙理论得到了证实。

这个 100 英寸的反射镜将少数几个距离最近的星云部分分解成了恒星群。在这些恒星中，我们识别出了多种恒星类型，这些类型已经在我们熟知的银河系较亮的恒星中被了解得清清楚楚。它们的本征光度（烛光度）是已知的，在某些恒星中是精确值，而在另一些恒星中则是近似值。因此，星云中恒星的视暗弱度就体现了星云的距离。

最可靠的结果是由造父变星提供的，但其他类型的恒星提供的距离估计值，与造父变星提供的结果相一致。即使是最亮的恒星，其本征光度在某些类型的星云中看起来也是恒定的，也被用作统计标准来估算系统内各星系群的平均距离。

太空居民

一些星云可以从其所包含的恒星算出星云的距离，根据这些样本集可以推得新的标尺，这些尺度是从星云而不是从它们所包含的天体推得的。现在已知星云都具有大致相同的本征光度，有些比其他的更亮，但它们之中至少有一半是在平均值（太阳光度的 850 万倍）的 1.5 ～ 2 倍这一有限范围内。因此，从统计意义上说，星云的视暗弱度可以反映出它们的距离。

人们知晓了星云的性质并确定了星云的距离尺度，这促使研究沿着两条路线推进。首先是研究单个星云的一般特征，其次是研究作为一个整体的可观测区域的特征。

根据星云形态的详细分类形成了一个排列有序的序列，其范围从球状星云到扁平、椭圆状星云，再到一系列旋臂展开的旋涡星云。旋转对称的基本形状按照此序列平滑地变化着，这也表明了越来越快的旋转速度。同时，观测者发现了许多特征沿着序列有着系统性的变化，并且早期认为星云是单独一类天体成员的想法似乎也得到了证实。光度在整个序列中保持相对恒定（如前所述，平均值为太阳的 850 万倍），但直径从球状星云的约 1800 光年稳定增加到最为松散的疏散旋涡星云的约 10 000 光年。它们的质量仍不确定，估计范围是太阳质量的 2×10^9 至 2×10^{11} 倍。

星云世界

（a）星云的分布

对作为一个整体的可观测区域的研究得出了两个非常重要的

结论。一个是天区的均一性，即星云的大尺度分布上的均匀性。另一个是速度－距离关系。

星云在小尺度上的分布非常不规律。星云是以单独的、成对的、处于大小不一的星群或是星团的形式被发现的。银河系是一个三重星云的主要组成部分，大小麦哲伦云是其中的另外两个成员。这个三重系统连同一些其他的星云，构成了一个独立存在于普遍星云场中的典型小型星云群。这个本星系群的这些成员提供了最早的距离值，而造父变星的距离标尺仍然局限于本星系群的范围内。

当对比更大的天区或大体积空间时，这种不规则分布就会最终达到平衡，星云在大尺度上的分布也明显是一致的。星云在全天的分布，是在固定间隔分布的取样天区中通过对比亮于特定视暗弱度极限的星云数目得出的。

星云真正的分布情况由于存在局部遮光而变得复杂。在银河系内看不到任何星云，少数几个沿着边界分布。此外，从银极到边界，星云的视分布轻微但系统性地变薄了，原因是散布在整个恒星系统中的巨大尘埃和气体云主要集中在银盘上。这些尘埃气体云遮蔽了较远的恒星和星云。而且，太阳被包围在一种稀薄的介质中，这种介质就像一个均匀的层面，差不多沿银盘无限延伸。位于银极附近的星云所发出的光被遮蔽层减少了大约四分之一，但在较低纬度的区域，通过介质的光路更长，所以被吸收的光也相应地更多了。只有消除银河遮蔽层的这些影响后，星云在天空中的分布才能表现为均匀分布或各向同性的（在所有方向上都相同）。

　　发现星云在深度上的分布是通过统计比较视暗弱度连续极限
更亮的星云数量，也就是说，对在距离的连续极限范围内的星云
数量加以比较。这实际上是星云数量和它们所占天区体积之间的
比较。由于星云的数量正好随着体积的增加而增加（当然就所巡
测过的范围而言，应该就是望远镜所能达到的范围之内），其中
星云分布必定是均质的。在这个问题中，还必须对视分布进行某
些修正才能得出真实的分布。这些修正是由速度－距离关系表示，
它们的观测值有助于对这种奇怪的现象进行解释。

　　因此，可观测的天区不仅是各向同性的，而且是均质的——
在各处与各个方向上都完全相同。星云分布的平均间距约为200
万光年，也就是平均直径的200倍。这一形式，也可以用相距50
英尺 ① 的网球进行比喻。

　　如果忽略星云之间的（未知）物质，那么也可以粗略估算出
空间中物质的平均密度。如果星云物质均匀分布在可观测区域，
则平滑密度大致为 10^{-29} 或 10^{-28} 克每立方厘米，相当于在每个
地球这么大的空间体积中存在一粒沙子。

　　可观测天区的大小是一个定义问题。矮星云只能在中等距离
上被探测到，而巨星云则可以在遥远的太空中被记录下来。不过
我们并没有办法去区分这两类星云，因此，定义望远镜范围最方
便的办法是利用中等星云。使用100英寸反射望远镜识别出的最

---

① 　1英尺 ≈ 30.48厘米。——编者注

暗星云的平均距离约为 5 亿光年，在这个极限范围内，排除银河系遮光效应的影响，大约有 1 亿个星云是可观测的。在遮光最小的银极附近，最长时间的曝光记录下来的星云和恒星一样多。

（b）速度 – 距离关系

上述关于可观测天区的概述几乎完全是基于直观图像得出的结果。该天区是均质的，平均密度的基本状况是已知的。下一个也是最后一个要讨论的特性，即速度与距离的关系，这来自光谱图的研究。

当一束光穿过玻璃棱镜（或其他合适的装置）时，组成光的各种颜色会展开名为光谱的有序序列。彩虹就是一个众所周知的例子，其顺序永远不会改变。光谱可长可短，取决于所使用的装置，但颜色的顺序会保持不变。光谱上的位置大致可由颜色测得，但更精确的是由波长测量，因为每种颜色都代表了某种特定波长的光。从紫色的短波开始，光谱会持续不断地变长直至红色的长波。

某一光源的光谱会呈现出特定的颜色或辐射出特定的波长，以及它们的相对丰度（或强度），从而显示出有关光源性质和物理条件的信息。一个炽热发光的固体会辐射出所有颜色，并且是从紫色到红色的连续光谱（以及在两端均超出了可见光的范围）。一种炽热发光的气体仅会辐射少数不连续的颜色，这个图案被称为发射光谱，是任一特定气体的特征。

另一种类型被称为吸收光谱，它对天文学研究具有特殊意义，它是在发出连续光谱的炽热固体（或等效光源）被一种较冷气体包围时产生的。该气体从连续光谱中吸收的正好就是气体在发炽热白光时会辐射出的那些颜色。最终结果就是名为吸收线的暗色间隙打断了具有连续背景的光谱。暗色吸收线的图案表明了产生这一吸收现象的某种或几种特定的气体。

太阳和恒星发出的是吸收光谱，人类已经从它们的大气中识别出了许多已知元素。氢、铁和钙在太阳光谱中形成了非常粗的吸收线，而最为显眼的是紫色线中的一对钙谱线，被称为 H 线和 K 线。

一般来说，星云通常显示出类似太阳光谱的吸收光谱，这对于太阳类型的恒星系统在其中占大多数的情况来说是理所当然的。这些光谱必然很短，因为光太暗弱而无法分布在长光谱上，但可以很容易识别钙的 H 线和 K 线，此外，通常也可以区分出铁的 G 谱带和少许氢线（图版七和图版八，见 P100、P116）。

星云光谱的特殊之处在于，它们的谱线位置并不位于我们周围光源中谱线的常见位置。正如相互对应的比较光谱所示，它们向正常位置偏红的方向发生了位移。一般来说，随着被观测到的星云视暗弱度变暗，这种位移（称为红移）会增加。

由于视暗弱度反映的是测量距离，由此可以推断出，红移随着距离的增加而增加。详细研究表明这一关系是线性的。

在星云以外的其他天体的光谱中，人们早就知道存在微小的位移，无论是向红色还是紫色移动。这些位移可以确定地解释为在视线方向上发生径向速运动的结果，即远离（红移）或接近（紫移）。同样的解释经常应用于星云光谱中的红移上，并产生了术语"速度－距离"关系，用以表示红移和视暗弱度之间的关系。基于这个假设，星云被认为会冲出我们所在的空间区域，其速度也会随着距离的增加而增加。

尽管还没有找到对红移的其他合理解释，但速度位移的解释可能被认为是一种有待通过实际观测来检验的理论。现有的仪器可以用于进行关键性测试。在相同的距离下，飞速后退的光源应该比固定光源显得更暗，并且在望远镜的极限附近，"视"速度是如此之大，以至于此现象应该是可以被观测到的。

作为宇宙样本的可观测天区

对红移做出完全令人满意的解释是一个非常重要的问题，因为"速度－距离"的关系是作为一个整体的可观测天区的属性。另一个唯一已知的属性就是星云的均质分布。

现在可观测天区是我们的宇宙样本。如果这一样本是合适的，那么从中观察到的特征将决定一个整体的宇宙的物理性质。样本可能是适宜的。只要仅限于恒星系统的探索，这种可能就不存在。

目前已知该系统是独立的。其范围之外是未知的区域，但肯定不同于该系统内恒星散布的空间。我们现在观察到的那个区域是一个巨大的天球，类似的恒星系统均匀分布其中。在样本中没有找到其变稀薄的证据，也没有发现物理边界的痕迹。没有丝毫迹象表明在更大的宇宙中存在独立的超级星云系统。因此，以推测为目的，我们可以应用均一性原理，并假设宇宙中被随机选择的其他任何部分都与可观测天区大致相同。我们可以假设星云世界就是宇宙，可观测天区是一个适宜的样本。

从某种意义上来说，该结论总结了经验研究的结果，并为推测领域提供了一个有希望的出发点。那个以宇宙学理论为主导的领域将不会进入本摘要。本书的讨论将主要限定于实际探索报告、经验数据及对其最直接的解释。

然而观测和理论是交织在一起的，试图将它们完全分开是徒劳的。观测总是伴随着理论。纯粹的理论可能出现在数学中，但很少出现在科学中。有人说，数学是处理可能性世界使之在逻辑上一致的系统。科学则试图发现我们居住的真实世界。因此在宇宙学中，理论提出了一系列无限多的可能的宇宙，而观测将会逐一排除它们。直到现在，各种不同类型的宇宙已经变得越来越容易理解，其中也必然包含我们的独特宇宙。

对可观测天区的探索为这个排除过程做出了非常重要的贡献。它已然描述了一个巨大的宇宙的样本，而这个样本可能是合适的。至此，宇宙结构的研究可以说已经进入了经验研究的领域了。

第二章
星云的家族特征

星云的分类

第一章简要介绍了目前有关星云世界的概念框架。可供检视的样本是空间中的一片巨大天区，相似的恒星系统大致均匀地分布在其中。现在将系统地、更详细地研究这个问题。

第一步显然就是根据调查对所观测系统的表观特性进行研究。这些星云可能是同一个家族的成员，也可能它们代表了完全不同的几种天体的组合。这个问题对于所有关于普遍性质的科学研究来说都是非常重要的。这些星云的数量如此之多，以至于不能单独对它们一一进行研究。因此，如果可以从较为显著的天体中收集到一个合适的样本，那么则需要知道样本的大小。对于这个问题的答案，以及其他许多问题的答案，都可以在本章星云的分类中找到。

这个问题本质上是一个影像问题，因为星云很暗弱，所以其结构上的细节很难被观察到。即使是用最大的望远镜进行视觉观察，也不如通过中等尺寸的照相设备所拍摄的照片那样令人满意。当然，使用大望远镜拍摄的照片也相应地包含有更多的信息。

最简单的方法就是通过对照片进行检视，将星云分成具有相似特征的几组。然后可以对每组中比较显眼的成员进行详细研究，而结果则被用来对这些分组本身进行对比。该方法的成功与否在很大程度上取决于作为分类依据的基础特征。

在某种程度上，这些标准的选择代表了某种妥协。这些特征必须是显著的，它们必须表明星云本身的物理性质，而不存在可能的方位效应，而且它们必须足够明显，以便在大量的星云中被看到。现有的望远镜可以观测到数以百万计的星云，但是巨大且明亮到足够用以开展细致研究的星云则寥寥无几。尽管不太明显的特征可能也非常重要，但会妨碍对少数星云的分类，这可能不是一个合适的样本。

星云的数量随着亮度的降低而迅速增加，绝大多数在照相图版上记录下来的只是没有形状的斑点，几乎无法从暗弱的恒星图像中被分辨出来。一般来说，这些天体已经超出了任何可用分类法的范围。有大量的星云稍微亮一些，但仍然是如此的小和暗弱，以至于除了延伸率和聚集度（光度梯度或光度从图像中心向边缘逐渐消失的速度），没有任何细节可辨别。分类一度建立在这些特征的基础上，但主要依赖于星云的随机方向。当这个标准被应用于显著的、已熟知的星云时，它们的意义就似乎微不足道了。

常规形式

目前的分类是根据数百个明亮的星云样本推得的，假设取样集合足够大，大到足以构成一个由大多数星云组成的合适样本。将这些天体分类成几组，每组表现出一组典型特征。这些组自然而然地形成了一个整齐有序的序列，其判断标准从序列的一端到另一端有着系统性的变化。许多典型特征可以在最亮的星云中找到，但随着越来越暗弱的星云被分析，这些特征将逐渐消失，直到最后只有最显眼的特征才能被识别出来。这些最后幸存的标准构成了正式分类的基础依据。我们已经阐述了两个这样的分类系统，但由于它们非常相似，所以这里只会详细介绍其中一个。这种分类揭示了一种很常见的基本模式，它的连续变化产生了这个星云形态的可观测序列。

首先，星云被分成了非常不均等的两组。占大多数的一组名为"规则星云"，因为它们具有相同的模式，有明确证据表明它们对有明显特点的中心核具有旋转对称性。其余的天体——占总数的 2% ～ 3%，被称为"不规则星云"，因为它们既缺乏旋转对称性，通常也没有一个占主导地位的中心核。

规则星云要么是"椭圆星云"，要么是"旋涡星云"。每一类天体自然地形成了一个有序的结构形态序列；椭圆序列的一端与旋涡序列的一端非常相似。因此，以描述为目的，这两个序列的方向就确定了下来，就好像它们是一个更大的单个序列中的两个片段，其包含了在规则星云中会遇到的所有结构形态。任意地将零点选在了椭圆星云部分的开放一端。因此，在整个序列中的排列就是从最致密的椭圆星云到最疏散的旋涡星云，即一个呈弥散或膨胀的连续序列。在这个实证研究的序列中使用术语"早"和"晚"表示相对位置，这里并没有时间意味。上述解释所强调的分类序列是纯粹经验的性质。考虑到这一点很重要，因为这个序列与詹姆斯·金斯爵士（Sir James Jeans）提出的星云演化理论所表明的发展路线非常相似。

椭圆星云

椭圆星云用符号 E 表示。它们所涵盖的范围从球状天体到椭圆状，再到长短轴比约为 3∶1 的极限透镜形天体。很可能所有主体比这个极限形态更扁平的规则星云都是旋涡星云。椭圆星云的集中度很高，没有任何迹象表明其可以分解成恒星。星云光度从明亮的半恒星核迅速下降到未知的边界。当按下曝光后，直径和总光度会随着曝光时间的增加而持续不断地增加。小块的遮光物质偶尔会在发光的背景下显出轮廓，但除此之外，这些星云没有显示出任何结构上的细节。

椭圆星云可以进一步分类的唯一普遍特征是（a）图像的形状，或者更准确地说是等光轮廓的形状（相等光度的轮廓线）的形状，以及（b）图像的光度梯度。这个梯度很难在数值尺度上估算，它们的测量需要用到一种复杂的技术。因此，它们并不适合作为快速分类的标准。

轮廓的形状很容易通过简单的检视被估计出来，它们当然是指在照相图版上看到的投影图像，而不是实际的三维星云。圆形轮廓可能代表了球状星云或任何极轴恰好落在视线方向上的扁平星云。只有当最扁的（透镜状）星云侧对着我们的时候，投影图像才能反映出真实的形状。这种不确定性的影响是很严重的，但也是不可避免的。除了这种方法外，尚没有任何其他方法可以用来确定单个星云的真实形状。然而有一种可接受的做法是，通过对大量投影图像的形状（假定方向随机）进行统计分析，在不知道单个天体真实形状的情况下，研究各种真实形态的存在和相对频数。这种分析表明，真正的形态确实是从球状到透镜状变化，而后者比前者更常见。

在这种情况下，一种暂时性的分类法是基于投影图像的轮廓。这些轮廓是椭圆形的，而且在任何一个单个星云中，它们都是相似的。换言之，当星云图像随曝光时间增加而变大时，图像的形状保持不变。

椭圆率的定义是 $(a-b)/a$，其中 a 和 b 分别是长轴直径和短轴直径。在这个序列中的位置可以非常简单地依据椭圆率估算而得到，椭圆率保留一位小数，小数点省略不计。因此，指定圆形轮廓（例如 NGC3379 这样明显的球状星云）为 E0；M32 就是E2，它是 M31 中较亮的卫星，长短轴比约为 5∶4；像 NGC3115这样的透镜状星云是 E7。这个序列到此为止，E8 或更高的序列很可能指的是一个旋涡星云，由于侧对着我们而被误认为是异常薄的透镜状天体。后一种形式是可能会出现的，但如果出现，它们也一定是非常罕见的。

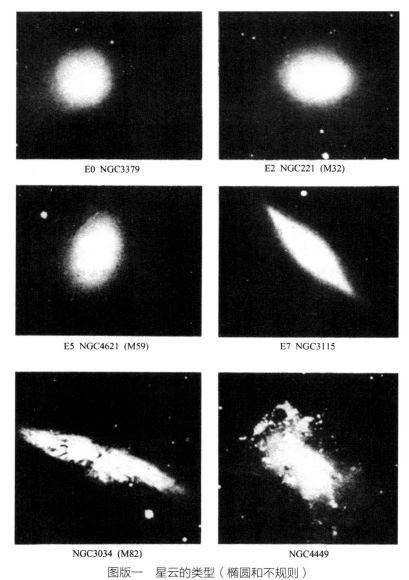

E0 NGC3379

E2 NGC221 (M32)

E5 NGC4621 (M59)

E7 NGC3115

NGC3034 (M82)

NGC4449

图版一　星云的类型（椭圆和不规则）

椭圆星云。星云序列规则由两部分组成，一部分包含椭圆星云，另一部分包含螺旋星云。椭圆星云的范围从球状星体E0，到扁平的椭圆形星云，再到限定长短轴比的透镜状星云 E7，比 E7 更扁平的星云是旋涡状星云。

椭圆星云中的光度从半恒星核到未确定的边界平稳地减弱，等光轮廓（相同光度的轮廓线）大体上都近似于椭圆。因此，一个图像的尺寸会随着曝光时间的增加而增大，但形状大致保持不变。

E7 星云是透镜形天体，它看上去是侧对着我们的。扁度较小的图像 En 可能代表了在空间中处于适当朝向的 En 和 E7 之间任何形态的真实形状。从投影图像的椭圆形分布的频数推断出从球状到透镜状的所有形式的真实存在。

不规则星云。规则星云的特点是相对于占主导地位的中心核的旋转对称。大约每40个星云中就有一个是不规则的，也就是说它们缺少其中一或两个特征。麦哲伦星云是不规则星云的一个典型例子，与出现在图版上的天体NGC（星云星团新总表）4449 物体相似。

旋涡星云

旋涡星云可以分为两个完全不同但相互平行的序列，包括正常旋涡星云和棒旋星云，以 S 和 SB 表示。一些混合形态星云稀疏地散布在两个序列之间。在正常的旋涡星云中，两条旋臂分别从一个像透镜状星云的核区外围相对的位置平滑地出现，然后沿着旋涡形路径向外缠绕。在棒旋星云中，两条旋臂突然从横跨整个核区延伸出来的星云棒的两端出现，并由此沿旋涡路径向外缠绕，该旋涡与在正常旋涡中看到的相似。正常旋涡星云比棒旋星云更为常见，比例为 2∶1 或 3∶1。

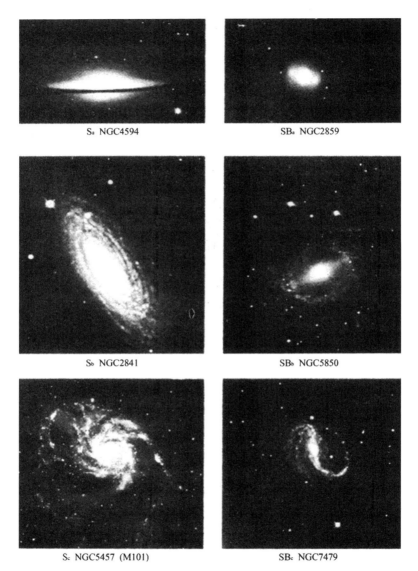

Sₐ NGC4594

SBₐ NGC2859

S♭ NGC2841

SB♭ NGC5850

Sᴄ NGC5457 (M101)

SBᴄ NGC7479

图版二　星云的类型（正常旋涡和棒旋涡）

旋涡序列有两个分支，一个分支由正常旋涡星云组成，另一个分支由棒旋星云组成。每个分支又可分为三部分，是在 S 和 SB 两个符号后以下标字母 a、b 和 c 的方式标注，分别描述正常旋涡星云或棒旋星云的早型、中型和晚型。每个分支的位置由旋臂中相对于核区域的物质数量、旋臂的展开程度和解析程度决定。早型的旋涡状星云（S_a 和 SB_a）似乎与透镜状星云（E7）关系密切。从 E7 到 SB_a 的转变是平稳而连续的，但从 E7 到 S_a 的变化可能是巨大的，所有已知的 S_a 的例子都有完全发育的旋臂。

完整的规则星云序列，即从 E0 到 S_c 在整个范围内呈现出许多系统变化的特征。总光度（绝对星等）大致保持不变，但直径增加，因此表面亮度就会降低；星云的颜色、光谱型和解析度反映了星云所包含物质的特征。银河系可能是一个晚期型的正常旋涡星系。

正常旋涡星云

在这个序列之首，正常的旋涡星云呈现出一个明亮的半恒星核，以及一片相对较大的由未分解的星云状物质组成的核区，此核区类似于透镜状（E7）星云。从外围处出现的旋臂也无法分解并且紧密盘绕着。随着序列的推进，旋臂体积增大而核区变小，旋臂随着体积的增大而逐渐展开，直到最后完全张开且核区变得不再明显。大约在这个序列的中间或稍早一点的位置，凝聚物开始形成。分解通常首先出现在外缘旋臂，然后逐渐向内扩散直到序列之末的星云核也被分解。

棒旋星云

棒旋星云初看好像是一个透镜状星云，其外围区域已凝结成了一个几乎很明显的与星云核同心的星云状物质环，并且已经凝结了一条贯穿星云核两端的宽棒。外观类似于希腊字母 θ 。随着序列的推进，这个环看起来就像在棒的两个相反位置脱离，一端正好在杆上方，另一端正好在杆下方，因此旋臂就从环断裂的位置延伸长出，就像这个样子 Ө。此后的发展与平行的正常旋涡颇为相似；以缩小核区为代价，旋臂不断地增长并展开，随着旋臂的增长核区逐渐消失；分解首先出现在外缘旋臂并向星云核方向蔓延。最后阶段是常见的 S 型旋涡星云，它具有稀疏且能清晰被分解的旋臂（NGC7479）。

旋涡星云序列

核区和旋臂的相对光度、旋臂的张开程度和分解程度都可以清楚地表明这两个序列的逐步推进。当然，最后一个标准不能用于情况是暗弱且遥远的旋涡星云，但其他两个标准则普遍适用，并且原则上它们与方向无关。不可能总是精确地能从侧面看到旋涡星云，因此可以有把握地将它们归到这个序列的大致区域。

旋涡星云的每个序列暂时可以细分为三个部分，用下标 a、b 和 c 标注。因此 S_a、S_b 和 S_c 分别代表正常旋涡星云的早型、中型和晚型，而 SB_a、SB_b 和 SB_c 分别代表棒旋星云的早型、中型和晚型。三个部分在两个序列中的覆盖范围是相等的，但是没有精确指定划分边界，并且位于边界线位置的天体分类也是相当任意的。此类天体有时由组合下标 ab 和 bc 表示，介于 E7 和 S_a 之间的星云有时标为 S0。

星云序列总体走向似乎已经稳固地建立起来了，但随着研究课题的深入也可能有些可预知的改善。例如，雷诺兹（Reynolds）

曾引入了术语"块状（massive）"和"丝状（filamentary）"，分别
表示具有宽大旋臂的旋涡星云（M33）和如纤维状、很细的旋臂
旋涡星云（M101）。这种区分可能取决于星云的总质量或其他内
在特征，如果可以接受这样的解释，那么这些术语将会具有非常
重要的意义和可描述性。

规则星云序列

由于早型旋涡星云 S_a 和 SB_a 在许多方面都与透镜状星云（E7）
相似，因此规则星云的完整序列也许可以用字母 Y 形状的图来
表示，或由于旋涡序列是大致平行的，其图形就像一支音叉（图
1）。椭圆星云构成了叉柄，球状天体（E0）位于叉底部，而透镜
状星云（E7）正好位于连接处下方。正常旋涡星云和棒旋星云沿

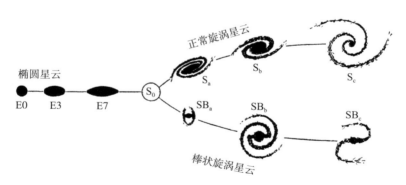

图 1　星云类型的序列

图 1 是分类序列的示意图。在两个旋涡序列之间发现了少数混
合型星云。过渡阶段 S0 或多或少是由推测得出的。E7 和 SB_a 之间的
过渡是平滑且连续的。在 E7 和 S_a 之间，没有明确地识别出任何星云。

两条叉臂分布，在旋臂之间还发现了少数混合型旋涡星云。其通常在星云核周围极近的小范围内呈现出棒状特征，但在其他方面又类似于正常旋涡星云，如 M83 和 M61 均属此列。

这个交接处可以用具有假设性质的 S0 来表示，这是所有星云演化理论中一个非常重要的阶段。观测结果暗示了在 E7 和 SB$_a$ 之间存在着某种平滑过渡，但 E7 和 S$_a$ 之间的过渡存在着不连续性，因为发现 S$_a$ 型星云总是有着充分展开的旋臂。在从大尺度的照片中获得更为详尽的信息之前，关于这种不连续性的猜测是没有意义的。目前，明显可知的是星云在演化发展到这一关键时刻时发生了激变活动。

其他特征

在结束对规则星云的描述之前，再来谈谈一些其他特征。星云核通常是半恒星核，对于使用照相的方法进行全面研究来说太小了。在非常晚型的旋涡星云（M33）中——星云核在核区周围相对暗弱的星云状物质的衬托下多少会显得有些突出——星云核很像球状星团。在极其罕见的情况下，星云核在所有已应用过的直观验证中都是恒星状的。总的来说，这样的星云核相对明亮，其发射光谱与行星状星云的光谱相似（N$_2$ 比 Hβ 更亮）。因此，不管它们的外观如何，它们都不可能被认为是普通意义上的单个恒星。

旋涡结构似乎是嵌入在暗弱且未分解的星云状物质中，这些星云的轮廓经常可以在星云主体之外很远的地方被追踪到。遮光效应起到了非常显著的作用。在早型的正常旋涡星云 S$_a$ 和 S$_b$ 中经常可以发现其外围的遮光物质带，而且当星云几乎侧对着我们时（NGC4594），在星云的暗色轮廓中也可以看到这种物质，据推测可能是尘埃或气体。这些遮光带在早型的棒旋星云中没有被发现。可以确定的以斑片形式存在的遮光效应在空间上分布广泛，尤其在晚型星云中更加明显，但在正常旋涡星云中比在棒旋星云中更多。这些斑片可能类似于银河系中的遮掩云，角径的比较曾经用于粗略估算旋涡星云的大致距离。

偶尔有星云表现出不寻常的特征，我们也难以确定它们在分类序列中的精确位置。根据研究者的判断来排列这些天体，并在分类符号上加上字母 p（表示特殊）。大约 2% 的规则星云需要这种标记，并且在椭圆星云中比旋涡星云使用得更多。M31 的较为暗弱的伴星云和 M51 的伴星云可以作为例子参考，它们都被归类为 Ep。

不规则星云

占星云总数 2% 到 3% 的其他星云没有显示出任何旋转对称性的迹象，因此在分类序列中找不到合适的位置。这些天体被称为不规则星云，并用 Irr 来表示。大约一半的不规则星云形成了一个相似的类别，其中麦哲伦云是典型的例子，它们的重要性或许值得被单独划分成一类。由于它们的恒星成分类似于非常晚型的旋涡星云，有时也认为它们代表了规则星云序列中的最后阶段。然而，它们的情况还只是推测性的，而它们没有明显的星云核可能比旋转对称性缺失的意义更为重大，这是一个可能的因果关系。

剩余的不规则星云可以作为高度特殊的天体被任意放置在规

则序列中，而不是做出单独的分类。有些星云，例如 NGC5363
和 NGC1275，可以被描述为已经解体但没有形成旋涡结构的椭圆
星云。其他的比如 M82 星云，则是毫无特色且难以归类的星云。
几乎所有的这些星云都需要单独考虑，但鉴于它们的数量非常有
限，因此在初步的星云形态研究中可以忽略它们。

标准星云

在规则星云序列中，任何指定阶段的星云都是按照十分统
一的模式构建的。它们不仅呈现出相似的结构，而且具有恒定的
平均表面亮度。有的大而亮，有的小而暗；从外观上看，它们就
好像是处于不同距离上的单个标准星云。这个结论来源于观测事
实，即平均而言，总光度与长轴直径的平方成正比。现在如果面
向星云正面（极轴在视线的方向），那么长轴直径的平方就可以
度量出一个星云图像的面积。对于这样的星云，有如下关系式：

$$光度 ＝ 常量 × （直径）^2$$

上述关系式所得的光度表示恒定的平均面亮度。此外，由于星云
还算是透明的，总光度在一定程度上与方向无关。因此，如果一
直使用投影图像的长轴直径的话，那么不管透视如何，上述关系
式大致适用于所有星云，而不考虑透视情况。

这种关系以天文学单位可以表示为

$$m + 5\lg d ＝ C$$

其中 m 是总视星等，d 是视角径，以弧分为单位，而总和 C 对于
序列中给定阶段的星云来说是常数。通过这个关系式，所有处于

给定阶段的星云都可以被归算为一个标准视星等，然后就可以分析直径的离散度，反之亦然。

当所有星云都被归算到指定视星等，并沿着序列的各个不同阶段建立起来后，我们发现直径从球状星云稳定增加到疏散旋涡星云（图2）。这个表述是下述说法的另一种表达方式，即 C 在整个序列中是系统性增加的。一旦发现了变化规律，就有可能将

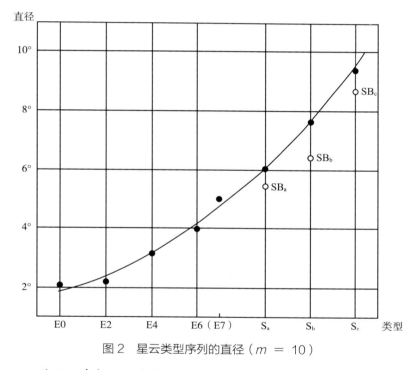

图2　星云类型序列的直径（$m = 10$）

对于具有相同视光度的星云，其直径从球状星云到疏散旋涡星云稳步增加。图2展示了视星等为10等的星云的（主体部分）平均直径（单位：弧分）。水平比例是任意划定的。

所有规则星云（从统计学来说还有不规则星云）归算到序列中的某个特定阶段，比如说归算到交接点 S0 的星云，并将它们作为一个性质相同的独立类别加以探讨。此程序强调分类的便利性和重要性，并使得定量方法在所有研究中都能成为理想的方法。

在实际操作中会遇到一定的困难。直径和光度都是非常任意的量，它们取决于曝光和测量方法。正是由于这个原因，我们开始使用"主体"这个术语，它指的是通过简单检查曝光良好的照片就可以很容易地看到星云的部分。我们必须在更大的空间区域中看清主体，星云可以通过费时费力的光度法在该区域上勾勒出轮廓。

可能会有任何一组性质相同的数据集中显现出"直径－光度"的关系及 C 在整个序列内的变化。然而，数值结果取决于所采用的特定数据集。例如，最早的研究基于霍勒瑟克（Holetschek）的目视星等，包括了大约 400 个星云，通过简单快速地检查在快速图版上的大反射镜曝光一小时的照片来估算主体的直径。改进的结果，通过将这些直径值与亮星云哈佛巡测中所列出的估算照相星等相结合，得出的改进结果如表 2 所示。这些数据代表了变化的一般模式，但这些数值依据的是某一组特定的条件，当其他条件加入时就需要进行适当的修正。

表 2　直径－光度关系

类型	C	类型	C
E0	11.4	S_a	13.9
1	11.6	S_b	14.4
2	11.9	S_c	14.9

（续表）

类型	C^*	类型	C
3	12.2	SB_a	13.7
4	12.5	SB_b	14.0
5	12.8	SB_c	14.7
6	13.1	Irr	14.0
7	13.4		

*$c = m + 5\lg d$，其中 m 是某一星云的总视星等，d 是以弧分为单位的角径。

在整个序列中发生系统变化的特征

（a）光谱型

在整个序列中发生系统变化的特征是光谱型、颜色及旋涡星云中的恒星光度的上限（最亮星的本征光度）。已知大约 150 个星云的核区的光谱型。太阳光谱型，也就是早型 G 占了绝大多数，尽管偶尔会发现 K 或 F。在以大规模尺度下记录的少数光谱中，矮星云特征很明显，因此它们被暂定为星云光谱的常规特征。在最广为人知的光谱中，也就是 M31 和 M32 核区的光谱中，吸收线的相对强度对应于绝对星等约为 + 4.3 等的恒星光谱（dG3）中的吸收线。这类恒星与太阳非常相似。

前文已经提到，相对罕见的"恒星"核发射的光谱与行星状星云的光谱相似。这些光谱的意义尚不明确，但鉴于它们的稀有性，所以在对该领域的初步研究中可以被忽略。另一种类型的发射光谱在不规则星云和疏散旋涡星云的外围区域中相当常见。这些光谱局限于星云内各自独立的斑片中，类似于银河系中某些弥漫星云状物质（炽热恒星附近的气体云，例如猎户座星云状物质）所产生的光谱。这些现象呈现了星云和我们自己的恒星系统之间的众多相似性之一。

当忽略发射光谱时，星云核的平均光谱型会在整个分类序列中发生系统性的变化，光谱型的变化范围大约是从早型椭圆星云的 G4 到疏散旋涡星云的 F9 或稍早一些。这个范围很小但得到了证实，因为相关的色散也很小。所有可测得的吸收光谱的平均光谱型约为 dG3 型。

（b）颜色

光谱型是由吸收线推得的，而不需要考虑连续光谱的分布情况。同时，颜色代表了连续光谱的分布，而不需要考虑吸收线的情况。在恒星中，颜色和光谱型间存在一种确切的关系，当知道其中一种时，就可以比较有把握地推断出另一种。与正常关系的偏差被称为颜色短缺或色余。到目前为止，后者在银河系区域尤为常见，并且通常解释为是由于弥漫的星际物质导致的选择性吸收。

然而，在星云中，颜色和光谱型之间的正常关系只出现在疏散旋涡星云之中。

球状星云呈现出一种明显的 0.3 星等量级的色余，并且此色余会沿着序列逐渐减弱，直到在 S_c 处消失。

虽然该现象的成因尚不清楚，但这一变化已经得到确认。这些颜色（大约 80 个星云）得到了非常精确的测量值，它们是通过斯特宾斯（Stebbins）和他的同事在威尔逊山上大型反射镜的焦点处，用光电管制成的蓝黄滤光器进行测量而得到的。对变化范围较大的另外一些星云用其他方法得出了类似的结果，不过精确性略逊。

色余对银纬或视星等并没有表现出明显的依赖性。完整的变化范围仅在室女座星团（纬度 ＋75°）中能被观察到。因此，色余的来源必定要归因于星云本身，而不是银河系内部或外部的弥漫星际物质。星云内的弥漫物质可能是罪魁祸首，但这一观点会引出某些尚未得到令人满意的解释难点。

观测数据总结如表3所示，其中赫马森（Humason）的平均光谱型和斯特宾斯的平均颜色分类（在巨星的标准上）给出了分类序列中的各个阶段。

表3　星云的光谱型和颜色

星云类型	光谱型	颜色类别
E0 ～ E9	G4	g6
S_a，SB_a	G3	g5
S_b，SB_b	G2	g4
S_c，SB_c	F9	f7

（c）分解

许多引人注目的旋涡星云和不规则星云的照片上都显示有许多结块和凝聚物，现在已经知道它们代表了单个恒星及恒星群。在星云中对恒星的识别是至关重要的，因为它直接影响了对距离的确定，这将在第四章中进行详细的描述。在这里提到这个问题，是因为讨论"分解成为恒星"比讨论"分解成为凝聚物"更简单且更有意义。

分解首先出现在较早型的中间型旋涡星云中，大约是在 S_{ab} 附近。此后，恒星变得越来越明显。在更早型中无法分解的星云并不一定意味着没有恒星；它仅仅表明，如果存在恒星，它们中最亮的恒星也比晚型的旋涡星云中最亮的恒星更暗弱。因此，并非所有的星云都是由恒星组成的，但恒星光度的上限随着分类的顺序系统地增加，在 S_{ab} 附近超越了可观测的阈值。

即使这个假设是推测性的，但在观测到的邻近室女座星云团和恒星的光度中得到了一些支持它的证据。这个星云团是由几百个星云组成的致密星云群，其中包括所有类型的星云（不规则星云除外）。不同类型星云的平均光度在一般数量级上是相同的，但在 S_c 旋涡星云中的恒星比 S_b 旋涡星云中的恒星更亮，而在 S_a 旋涡星云中根本没有找到恒星。这些数据进一步表明，恒星亮度的不断增加可能补偿了不可分解星云状物质的逐渐暗弱，使星云的总亮度维持相对恒定。

恒星和未分解星云状物质的组合照相光度相当恒定，这一情况与整个序列中色余的逐渐减少密切相关。疏散旋涡星云中最亮的恒星是蓝色的，而且可能是 O 型超巨星，就像在银河系和麦哲伦云中所看的一样。西尔斯（Seares）在 1922 年发现疏散旋涡星云的外缘旋臂，也就是分解最明显的区域，比核区更蓝（具有比核区更小的色指数）。当时没有对这一现象做出任何解释，但后来当凝结物被确认为恒星时，这种颜色效应似乎很可能是蓝色（早型）恒星造成的。最后，当测量单个恒星的颜色后发现是蓝色的，这个解释也就得到了证实。由于在椭圆星云中没有发现任何颜色的较差分布，因此颜色随序列的系统性减少基本可以确定与蓝巨星的逐次演化相关。

（d）类型的相对频数

最后，星云的相对频数或数量似乎沿着分类序列有着系统性的增加。以早型为主的大星云团并不符合这一规律。然而，在孤立星云的普遍视场中，当到达了一定视星等极限后，在所有大型的星云群中都发现了这种增加的频数，而且这些样本都十分完整且具有代表性。唯一的基础要求是，必须在足够规模的照片上进行分类，以避免选择效应的影响。这样的影响通常有利于早型星云，而牺牲了稍晚型的星云。

霍勒瑟克（Holetschek）根据目前的分类列出了第一个表格，涵盖了大约 400 个从北纬纬度观测到的星云。哈佛在对覆盖全天的亮星云的巡测中得出一个更为全面的总结。通过大型反射望远镜拍摄的图版估算出的 600 个星云的相对频数如表 4 所示。在旋涡星云中频数沿着序列有明显的增加，而受方向的影响并不大。

表 4　星云类型的相对频数

类型	频数（百分比）
E0 ~ E7	17
S_a，SB_a	19
S_b，SB_b	25
S_c，SB_c	36
Irr	2.5

椭圆星云（除了透镜状星云 E7）不能被单独处理，因为在投影图像中的真实的形态无法从方向效应中辨别出来。例如，E0 的图像可能代表任何以视线轴为方向旋转的任意形状的星云。一般来说，一个 En 星云的图像可以代表任何实际椭圆率大于或等于 n 并且方向适合的星云。实际椭圆率的频数分布是一个统计学问

题，一旦从观察中知道投影椭圆率的分布，就可以很容易地解决这个问题。解决方法涉及星云轴的方向规律，在实际中选择的方法是对随机方位进行合理假设。

很多研究人员已经讨论过这个问题，而结果并不完全一致。孤立星云的数据相当匮乏，其中椭圆星云相对更少见。更大的列表可以在星云团中被收集到，其中椭圆星云占绝大多数，但它们的解释因不同星云团间的平均类型变化而变得复杂了。不过，十分清晰的是，与透镜状星云系统相比，球状星云相对较少，而且数量沿着序列方向随着椭圆率的增加而增加。

总结

对相对频数的讨论完成了对这些天体的全部初步检视。秩序已经开始从明显的混乱中显现出来，进一步的研究计划也极大地简化了。对展现在直观照片上的星云形态的这些研究得出的结论是，星云是单独的一类且成员间有密切相关性。它们建立在一个基本模式上，该模式在有限范围内具有系统性的变化。星云会自然地归入有序的结构形态序列中，并且可以很容易地被归算到序列中的某一标准位置。在这样一个标准阶段，如果可以从不同的距离观察同一个星云，那么视大小和视亮度间的关系就是可预测的。星云表观特征的离散度非常小。因此，任意随机选择的大规模星云集合应该都会是一个适宜的样本。对显著天体进行的详细研究结果一般都可以应用于星云，也可以进行广泛的统计调查并在一定程度上保证物质是均匀的。

第三章
星云的分布

星云巡测

在不知道实际距离的情况下，可以用一种有效的方式对星云的分布及它们的分类进行有意义的研究。这个分布是由广泛的巡测得出的。具有重要意义的数据就是比各种视暗弱极限更亮的星云的数目。随着极限的扩大，随着观测推进到越来越深的宇宙空间，星云的数量迅速增加，而分布上更多的普遍特征也逐渐被公布。通过单一极限的巡测得到了星云在天空的分布，而深度的分布是通过对连续极限的巡测加以对比得出的。由此提出了两个问题，而且真正重要的结果是在十分暗弱的极限上获得的，在这个条件下可以得到星云的最大数量。

对数据的解释是一个统计学问题，其复杂内容在这里将不作详细介绍。然而，该方法的原理很简单，可以在讨论巡测结果之前简要介绍。假设实际距离是未知的，而如果所有的星云都具有相同的本征光度（相同的绝对星等或烛光度），那么每个单一天体的相对距离将由它的视暗弱度表示。这样就可以在任意尺度上绘制出星云在空间中的位置，并清楚地显示出分布的一般特征。

实际的问题因为概率而变得复杂（现在已知是一个事实），即星云的光度不相等。可能有（也确实有）巨星云、矮星云及各种中等的星云。因此，仅凭视暗弱度并不能确定相对距离，而像上面提到的定位也会产生误导。

解决困难的方法很简单。不对单个星云进行绘制，而是将大型星云群的平均状态绘制成图。单个天体的绝对星等准确值分散在一个相当大的区间内，但随机选择的大型星云群的平均星等应该会完全不变。尽管这些方法经过不断发展，已经到了可以同时考虑所有可能数据分组的程度，但研究星云分布的有力统计方法就是基于这样的简单原则建立的。

在研究星云分布的过程中，提出了一个重要假设。探讨给定空间体积中的所有星云。

巨星云、矮星云和正常星云的相对数量，更准确地说，是在这些星云中绝对星等（烛光）的频数分布形成了"光度函数"。据推测，假定这个光度函数在巡测所覆盖的整个区域都保持不变，该函数与距离或方向无关，巨星不会聚集在一个区域，而矮星云聚集在另一个区域。该假设尚未通过直接观测得到充分证实，但它似乎是合理的，并且与目前可利用的所有信息一致。即使没有特别提及它，在后面的章节中也会说到它。

基于这个假设，一群邻近星云组成的大星云群的平均绝对星等应该是与某一遥远的星云群的平均星等十分相近。在统计学意义上，尽管绝对距离是未知的，但视暗弱度会反映出相对距离。目前没有任何关于每个单位体积空间内星云总数的假设。整个观测区域中的可能变化（密度函数）是一个需要研究的问题，如果光度函数是恒定的，巡测将给出一个答案。

巡测提供的数据是根据视光度选择的。现在有一个有趣的事实可以顺便提一下，以这种方式选定一组星云的平均本征光度，例如视星等 15 等的星云，与给定的空间体积内的星云平均本征强度不同。没错，这两个量是相关的，但这种关系涉及光度函数的精确形式。该主题将在稍后讨论，届时肯定会评估选择效应。这里它只是作为陈述的序言提及，只要形式是恒定的，通过视星等测量相对距离（在统计意义上）就不需要在意光度函数的精确形式。因此均为 15 等的星云比 20 等的星云近 10 倍，比 10 等的星云远 10 倍。通常可以表示为：

$$\lg \left(d_1/d_2 \right) = 0.2 \left(m_1 - m_2 \right)$$

其中 d 和 m 是根据（它们在巡测中得到的值）m 为基础而选定的任意两组星云的平均距离和平均视星等。

可用于研究分布的数据种类不止一个。更明亮、更显眼的星云是被逐个了解的，尽管精确测定的星等很少。最广泛且便于使用的星等列表是哈佛巡测星表，通常认为它完整覆盖了全天，包含极限星等 $m = 12.9$ 以下的所有星云。极限星等较亮的星云均可以从此表中获取。

大致完整的全面巡测仍在进行，照相机可以将大片天区记录在单个图版上，但只穿透到了中等深度。随着使用更大的照相机，每个图版上的天区面积会缩小，而其达到的深度会增加。因此，一台照相机可以将猎户座记录在某一单个图版上，并记录极限星等小至 $m = 13$ 的星云，另一台照相机可以在单一图版上记录大熊座的北斗七星部分，并记录极限星等可以达到 $m = 16$，而第三台照相机可以在单一图版上记录小熊座的小北斗七星，极限星等可以达到 $m = 18$。

只有大型望远镜才能达到非常暗弱的极限，它们在单个图版上记录的天区非常小，但可以穿透至很深的深度。例如，100 英寸的望远镜能达到的视野约等于满月的面积。完全覆盖全天是不切实际的，而且巡测是根据取样原则来进行的。图版主要以选定天区为中心，均匀分布的抽样，并且假定这些区域是可以代表全部天区的合适样本。威尔逊山上的大型反射镜进行了最深入的调查，获得了综合且详细的结果，这将得到非常详尽的讨论，因为它提供了暗弱星云背景的最全面图景。

在全天的分布

这次巡测包括 1283 个分别独立的样本，它们非常均匀地分散在 75% 的天区。两台望远镜，分别是 60 英寸和 100 英寸的，各自在不同的条件下使用。然后，很大程度上是来自数据本身的修正，图版上的星云数量（总共约 44 000 个）改为了表示标准条件下的星云数（约 80 000 个）。在图版中心区域校正计数的极限星等为 20.0 ± 0.1。

对这种均匀材料的分析表明，除了银河系内部产生的遮光效应，星云在天空中的大尺度分布是近似均匀的（图 3）。

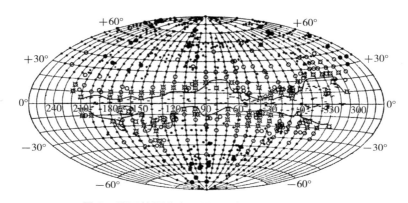

图 3　星云的视分布，显示了银河系的掩星效应

样本的位置以银道坐标绘制。水平线 0°～0° 代表银河系的中央平面。北银极在顶端。小点表示每个样本中星云的正常数量，大圆盘和圆分别表示过剩和不足，横杠表示没有发现任何星云的样区。

沿银河系的隐带（以横杠为主的区域）被部分遮挡（开口的环形边缘）所包围，在这个区域之外的星云分布近似均匀。

图 3 中最右边和最左边的空白区域代表巡测过程中观测站无法观测到的南部天空。

银河系遮光效应

关于银河遮光效应的证据如下：

（a）在银河系的中心区域没有发现任何星云。大致完整的隐带是不规则且不对称的，宽度在 10°～40° 变动。

（b）在隐带和局部遮光的边界线之外，每个图版的星云数以一种非常近似于余割定律的方式随着银纬的增加而增加（类似于恒星从地平线上升到天顶时会变得越来越亮，可以通过逐渐减小的大气路径看到）。

遮掩云

晦暗的遮掩云散布在整个银河系中，范围从微不足道的一缕到宽度达 100 光年甚至更大的巨大天体。有些显然是不透明的，有些是半透明的，还有一些像是薄薄的面纱一样几乎感觉不到。它们明显集中在银盘上，并且在银河系的数量最多，在更遥远的恒星背景的衬托下可以看到它们的轮廓。它们在银河系中心的方向上最为显眼，在那里遮蔽了云核，但实际上它们遍布在各个方向上，并且一个挨一个地堆积在一起，这也有效地遮蔽了银河系的边缘。银河系的大部分外在可见结构经过了遮光效应的设计形成了这种黑暗模式，同样分隔出了许多被称作恒星云的天体。

晦暗的遮掩云可能是由各种形态的物质组成的，但在明显不透明或几乎不透明的云中，遮蔽的主要部分一定是由尘埃组成的。没有其他形式的物质可以解释这种遮光效应，除非将不可思议的大质量归赋于遮掩云。除此之外，恒星，尤其是球状星团，当它们被云层中浓重的局部遮掩云所遮盖时，会表现出明显的色余，这表明出现了与尘埃类似的选择性吸收。较亮的遮掩云可能与密度较小的云具有相同的成分，抑或它们可能主要是气态的。

这些遮掩云的视分布与星云隐带几乎相同，它是一条与银道面同心的窄带，几个巨大的耀斑从那里可以席卷到更高的纬度。因此，带有部分遮挡边缘的隐带可以很容易地用银河系本身存在的遮掩云来解释。隐带不一定是完整的。偶尔会发现暗弱的星云，它们是通过明显不透明的云层间的半透明路径看到的。位于银纬 − 3° 的天体 IC10 就是一个典型的例子，它可能是一个很大的旋涡星云，但仅有一部分是可见的。

吸收层

银河系中的弥漫物质经常被讨论，好像它是由以银道面为中心的恒定深度的均质层组成的。由于大部分遮光效应都是由独立的遮掩云造成的，因此这种处理（即使是粗略的近似）也可能会对人产生误导。然而，暂时不考虑这些遮掩云，有相当多的证据表明某种很薄的介质，产生了一些轻微的吸收，这近似于一个均质层的行为。这种介质可能遍布了整个银河系主体，或者它可能代表一个扁平的透镜状云，它是如此之大以至于从地球上观测时几乎察觉不到深度的变化。无论在哪种情况下，一阶效应都大同小异。

这种吸收层存在的证据已经非常清楚，证据来自没有遮掩云的区域进行的星云巡测。每个图版上的星云平均数在银极区域（垂直于银河系平面）最大，那里由于均质层而造成的遮光效应应该最小。从银极向银道面，每个图版的星云数随着纬度的减小而减少，这表明遮光效应与光穿过某一均质层的路径长度成比例。换句话说，以星等表示的遮光效应为 $C \times \csc \beta$ 余割（其中 C 是银极处的遮光效应，β 是纬度）。图 4 中高度简化的图示表明了这种关系。

由于 $\beta = 30°$ 处的遮光度正好是 $\beta = 90°$ 处的两倍，因此

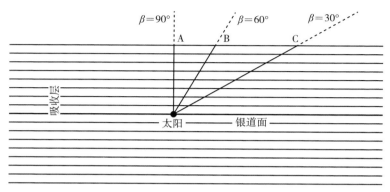

图 4 吸收层示意图

正如从太阳附近观察到的，银河系外的天体被遮蔽的程度取决于光通过吸收层的路径长度。对于在银极方向上被看到的天体，遮光度最小，并且这一遮光效应随着纬度的减小而增加。

这个实际的遮光度差异显示了位于银极处的实际遮光度。它约为 0.25 星等，因此吸收层的总"光学厚度"约为 0.5 星等。每个图版星云的数量针对纬度效应进行了校正，并通过关系式（图 5）简化为一个均质系统，它呈现出与银极处相等的均质遮光效应：

$$\lg N \;=\; \lg N_\beta + 0.15\cos\beta$$

除了极低的纬度地区，巡测数据显示了一个由稀薄物质组成的无限延伸的均质层图景。但是在银道面附近发现了某些系统偏离，这表明银心方向的遮光可能比银心反方向的更大。这个差异并不是很重要，但它们表明这样一种可能性：也许可以更合理地将遮光源描绘为一个高度扁平的透镜形遮掩云，而不是一个无限延伸的均匀物质层。在图 5 的图像中，太阳将位于遮掩云的中间

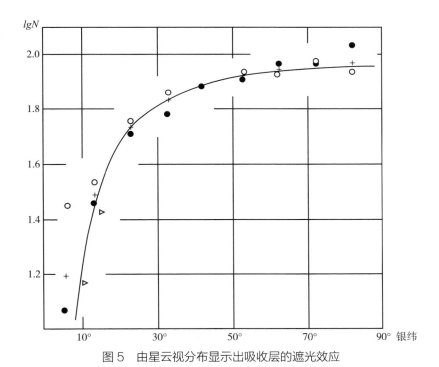

图 5　由星云视分布显示出吸收层的遮光效应

　　每单位天区的星云平均数（比给定的极限星等更亮）随着银纬的增加而增加，并严格遵从余割定律：

$$\lg N = 常数 - 0.15 \csc \beta$$

　　圆圈和黑点分别代表来自北银河半球和南银河半球的数据；十字表示的是二者的平均值。两个三角形代表在低纬度获取的补充数据。

平面附近，但距离中心非常遥远。因此，在某些方向上的遮光度会比在其他方向上更大。实际观测到少数这样的遮掩云呈现出暗淡的透镜状的轮廓，它们沿着银河系的中心平面延伸许多度。

稀薄层（或云）中的吸收不同于不透明或半透明云中的吸收，它在本质上是非选择性的。所有颜色都以相同的程度被吸收（在测量的误差范围内），而且星云颜色也没有随银河纬度的变化而出现可测量到的变化。形成鲜明对比的是，斯特宾斯及其同事测量的低纬度的球状星团和早型恒星的色余，这些颜色效果表现出与纬度的明确相关性。然而，更显著的情况是在星云的隐带内，并且与已知的掩星云密切相关。

其最根本的相关性很可能与云中的位置有关，而不是与纬度有关。

银河系遮光的研究仍处于形成期。所需的材料包括遮光的云层、弥漫的介质和恒星光谱中未知的固定谱线来源。初步讨论自然倾向于将所有这些都放在一起，并将各种影响归入统计学的均一性中。之后的发展无疑会凸显出与均匀性的背离，并且在这一关系中，选择性和非选择性吸收间的区别具有相当大的意义。

普遍视场

局部遮光效应在星云分布研究中的重要性是显而易见的。我们身处遮光物质中间，所以必须在确定真实分布之前先消除其影响。天空可大致分为银河带（纬度 −40°～＋40°）和极冠（纬度 40°～90°）。银河带包含隐带、发光部分及局部遮光构成的边缘部分，提供的信息主要是关于局部遮光的。极冠不受局部遮蔽的严重影响，主要提供有关星云分布的信息。

　　由于极冠面积相对较小，极冠内的分布情况可能并不能代表整个天空的总体分布情况。但当移除吸收层的影响时（图6），有可能在隐带的大片发光区域与局部遮光的边缘部分之间，通过跟踪星云的大概范围进入银河带来获取更多的信息。可以通过这种方式追踪星云的分布，其覆盖的经度范围相当广，纬度可低至15°。这些数据单独来说的话不如极冠的单独数据精确，但总体结果在大致可以被可靠地探测到的视野范围内是完全一致的。这

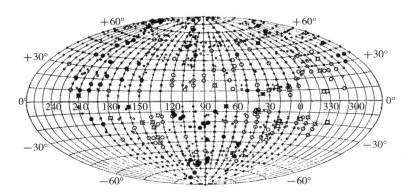

图6　对银河系遮光效应进行局部校正后的星云分布

　　图6的方向类似于图3中的方向。星云数已针对纬度效应（吸收层）进行了校正，但云无论是不透明的还是半透明的，其影响仍然存在。

　　十字表示星云数量正常的样本（lgN与平均值的偏离不超过0.15）；小的黑点和圆圈，表示适度的过剩和不足；大的黑点和圆圈，表示相当大的过剩和不足。除了遮掩云的影响，没有证据表明星云在天空中的分布有明显的系统性变化。

些结果如下：

（a）北部和南部的两个极冠相似，并且在数据的误差范围内，星云的分布是一致的。

（b）在整个视野范围内的星云分布没有测得明显的、系统性的变化。

（c）单个 lg$N$ 的值，其中 N 是每个图版上的星云数，随机分布在它们的平均值附近（lg$N$ 的频数分布近似于一条正态误差曲线）。

全天大尺度分布

从两个极冠（南极冠和北极冠）之间的一致性，或者更广泛地说，从两个银河半球之间的一致性来看，可以推断出太阳接近弥漫物质构成的吸收层的正中平面。而且，这个平面靠近银道面。从极冠之间的一致性，以及无论是在经度还是纬度上都没有系统性变化，可以总结为全天范围的大尺度分布是大致均匀的。用专业术语来说，星云的分布是各向同性的，在所有方向上都相同。

该结论仅仅是从一小部分的天区中得出的。隐带和它的边缘区域将大片的区域从可观测的天区中抽离，此外，大约有 25% 的天空无法从进行巡测的站点进行有效观察。然而，研究的天区覆盖了银河的两极，包括整个北极冠和 60% 的南极冠，以及大约三分之二银河带遮光不太模糊的部分。这些区域的广度和模式似乎构成了整个天空的完美样本，完全没有可测得的明显的系统性变化强烈表明了这一点，可以预期的是在未观测到的天区中不会出现各向同性的重大偏离。

在深度上的大尺度分布

深度分布由星云数量通过视暗弱度增加速率来表示，换句话说，通过比较不同的星云群与这些星云群分布的空间体积来表示。如果光度函数与距离无关的话，那么在统计学意义上，视星等度量的就是相对距离。因此，比给定星等 N_m 更亮的星云数量所表示的是特定半径球体范围内的星云数量。比较一系列连续的半径球体中包含的星云数量，N_m 和 m 之间的关系式就给出了星云在深度上的分布。

因为星云的数量与计数工作所扩展至的空间体积的不断延伸成比例，且呈均匀分布，可以用以下简单的关系式表示为：

$$\lg N_m = 0.6m + 常数$$

即使是偶然的观察数据也很接近这个关系式。因此，对星云在深度上的分布的严谨研究主要限定于对均匀性的微小偏差的探究，以及对常数的精确估算。当光度函数已知时，常数决定了每单位空间体积内星云数量的分布。

首先是统计较亮星云的数量，粗略估算了它们的星等，根据银河系最临近处星云所得到的初步结果证实了近似均匀性。当极限星等延伸到非常暗弱的极限时，后面可根据星云数量与底片的曝光时间来绘制每个图版进而得到类似的结果。通过极限星等在图版上随曝光时间而变化的已知比率，这种关系可以转化为 N_m 和 m 之间的关系。

现在可用的数据是通过大型反射望远镜进行几次巡测得到

的，极限星等范围 18.5 ～ 21 等。详细的结果与均匀性存在微小
的可见偏差，将在稍后讨论，这些偏差被解释为红移对视光度的
影响。当对此类影响进行适当校正后，数据表现为均匀分布（在
调查研究的较小误差范围内）超出了现有望远镜可以进行巡测的
实际极限。这些结果可以总结为以下关系式：

$$\lg N_m = 0.6\,(m - \Delta m) - 9.09 \pm 0.01$$

其中 N_m 是每平方度的星云数量，Δm 是星等为 m 时的红移效应。

对比星云的均匀分布和在银河系中恒星的稀疏，望远镜的
放大倍率十分壮观。恒星形成一个独立的系统，而恒星密度从核
心到边缘稳定地减少。因此，对于系统内的观测者来说，相对于
给定极限星等亮度的恒星数量会随着星等的增加而增加，但增加
的速度则会稳步下降。这种现象在银极方向上尤为明显。在这些
方向上，到恒星系统边界的距离最大，而且视线内的恒星总数则
最少。

在亮度适中的极限星等下，每平方度的恒星数量远远超过星
云，两者的增加速度几乎相同。随着被观测到的星等极限越来越
暗弱，星云保持恒定的增加率，而恒星的增加率则稳定下降。最
终，每平方度的星云总数就会接近恒星总数。在银极（90° 银纬）
区域，预计在 21.5 星等左右会相等，这差不多是在有利条件下使
用 100 英寸反射望远镜可以识别到的星云极限。预期被证实了，
因为在非常高的纬度地区的最大限度的有效曝光记录了与恒星一
样多的可识别星云。如前所述，这一事实相当惊人地体现出望远
镜的放大倍率。

在深度上的均匀分布可以清楚地表明星云不是银河系的成员。唯一合理的相关假设是，星云的光度函数不会以某种精确补偿因密度下降而导致数量减少的方式随距离发生变化。这样的变化具有高度的人为因素且是不可能发生的。因此，即使没有星云世界构成尺度相关的进一步信息，也显示其为一个明确存在的实体，与恒星的世界截然不同。

小尺度分布

从小样本之间的变化推出的星云小尺度分布是明显不均匀的。星云既有单独被发现的，也有存在于不同规模群体大小不一，每个巨大致密的星团由数百个成员组成。只有在比较大样本时，星云成团的趋势才会达到平均值并且分布会接近均质。

相对罕见的大型星团被排除在巡测之外，这将在后文详述。目前的讨论仅限于孤立星云和小型星云群的混合体。小尺度变化的特征，从一个特定的巡测中可以得出，这取决于星云样本的平均数量，换言之，取决于每个样本的平均空间体积，而不是取决于体积是一个延伸到中等深度的大角度区域，还是一个延伸到某一巨大深度的小角度区域。

在 20 星等的巡测中，在归算到标准条件之前，位于极冠的中等样品在每个图版上得到实际鉴定的约为 45 个星云。计数的归算及其向每单位面积数目的转换，复杂化了使样本之间变化的简单表示，但有一个结果是显而易见且意义深远的。

如果这些星云就单个而言是随机分布的，那么每个样本的星

云数 N 几乎对称地分散在平均值的两侧。实际上，被观测到的分布是不对称的，因为存在某种显著意义上的小样本过剩。

N 的频数分布遵循一条偏斜或"偏态"的曲线，有一小部分失真是由数据的局限性及观测和归算过程中不可避免的误差造成的。其余的推测则与星云聚集的趋势有关。普遍视场中聚集的星云会产生一个超大型样本和若干个极小的样本。这样的一个过程，在足够的规模上发生时，将可以对巡测中样本的偏态分布进行定性化解释。假设有星团聚集的趋势，那么 N 的不对称分布（如果 N 比较小）自然会随之而来。

现在广为人知的是，在这种频数分布关系中（小样本过剩或正偏态）中，若用 $\lg N$ 代替 N，则往往能恢复对称性。星云巡测的显著特点就是这种替换可以完全消除偏态，并精确地恢复为对称状态。结果如图 7 所示，其中绘制了每个样本 N 值和 $\lg N$ 值的频数曲线。$\lg N$ 的频数分布曲线非常接近于正态误差分布曲线，并且可以用平均值 $\lg N$ 和离散度，或者更准确地说，是用离差 σ 来充分描述。

这个特征似乎是星云分布的普遍特征。它在所有的巡测中都有发现，在这些调查中，一直保持着明确的、有限的星等，并考虑了星系的遮蔽效应。在每种情况下，每个样本的 $\lg N_m$（ m 是极限星等）遵循正态误差分布曲线，巡测由 $\overline{\lg N_m}$ 和 σ 来描述。随着极限星等 m 的增加（变得更暗弱），$\overline{\lg N_m}$ 增加，而 σ 减少。最后，对于使用了非常大样本的巡测而言，离差只代表巡测的偶然错误。这些巡测倾向于符合均匀总体随机抽样的理论，因此，星云的大尺度分布被假定在统计学上是均匀的。

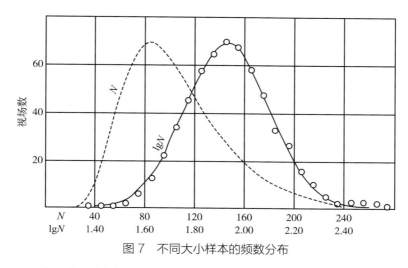

图 7　不同大小样本的频数分布

　　圆圈表示样本数，其中星云数的对数具有不同的值。穿过圆圈的光滑曲线是一条正态误差曲线。样本与误差曲线的紧密贴合意味着，每个样本的 $\lg N$ 值随机分布在所有样本的 $\lg N$ 平均值附近。

　　当每个样本的星云数替换为对数时，频数分布所呈现的为虚线标识的不对称曲线。

　　顺便提一个技术要点，因为它强调了用正态误差分布曲线表示每个样本的 $\lg N$ 值分布所具有的精度。每次巡测通过 $\overline{\lg N_m}$ 和 σ 表示。然而，对比不同的巡测，重要的数据不是 $\lg N_m$ 的均值，即 $\overline{\lg N_m}$，而是 N_m 的均值，即 $\overline{N_m}$。这个数据代表了每单位面积内星云的平均数目，因此提供了比巡测天空时特定极限星等更亮的天空内星云总数。通过将 N_m，或为方便起见，用 $\overline{\lg N_m}$ 与 m 相关联，我们才得以研究星云在深度上的分布。

现在，如果单个 lg$N$ 的频数分布是一条正态误差曲线，那么 $\overline{\lg N}$ 和 lg $\overline{N}$（去掉了下标 m）这两个量则具有某种非常简单的几何关系。可表示如下：

$$\lg \overline{N} = \overline{\lg N} + 1.152\,\sigma^2$$

等式的两侧可以根据任何独立的巡测数据进行计算。已经对大型反射望远镜所做的 5 次可利用的巡测数据进行了此类计算。对等式两侧的比较所得出的平均差值，以对数表示为 0.002 或以数字表示的话大约为 0.5%。如前所述，这个结果着重体现了满足条件的精确度。

通过转换为对数就恢复了如此精确的对称性，以至于它暗示了星云数的某种特征而不是星云分布的某种特征。然而，在数学运算中没有找到任何令人满意的解释，似乎很有可能是后一种选择。因此，该特征可以用作星云成团趋势的描述和度量方式。

很明显，星云群和星云团并不是在孤立星云的随机（统计学意义上的均匀）分布上叠加的，而是不可分割的关系。普遍视场中的凝聚可能产生星云团，或者星云团的蒸发可能形成普遍视场。描述观测到的分布情况的方程毫无疑问可以公式化任何假设，并且在解决之后，将对星云演化的推测作出重大贡献。

星云成团的趋势似乎在有限尺度上是有效的。目前已知的组织系统中没有比大型星云团规模更大的，也没有一个组成成员过千的星云团。实际上，星云团成员的最大数量可能要小得多。平均而言，与单个星云团相比更大的样本往往符合随机抽样理论。每个样本中 N 的频数分布应该近似于正态误差分布曲线。较小的

样本应该会显示出 N 的非对称频数分布，成员稀疏的视场呈现某种超额峰度。从这个意义上说，现有可用的巡测结果中的平均样本都较小，并且可观测到正偏态。

在巡测中发现的最暗弱极限（$m = 21$）的最大平均样本中，每个图版上实际识别了大约 200 个星云。$\lg N$ 中相应离差很小，$\sigma = 0.084$，观测误差的影响大概与星云分布中的真实离散度具有相同的数量级。在这些条件下，偏度不是很明显。对于更大的平均取样，它可能就微不足道了。

星云群

星云群和星云团在研究星云性质和分布的研究中都很重要，因为它们每一个都代表距离相同的天体样本的集合。虽然某个星云群的距离可能是未知的，但其成员的相对视大小如实地体现了其相对而言的绝对大小。

双星云和三重星云很多。旋涡星云 M51 是一个双星云。仙女座中的大旋涡 M31 及它的两个伴星 M32 和 NGC205 是一个三重系统，而以麦哲伦星云为伴星的银河系也是类似的情况。所有类型的星云都出现在这样的系统中，因此它们提供了处于分类序列各个不同阶段的相对尺寸的信息。此外，一旦它们的距离已知，这些非常紧凑的系统就提供了从径向速度的统计调查中推导出星云质量顺序的机会。所涉及的方法类似于从组件的轨道运动确定双星质量的方法。

我们还发现了更大的星云群，它们类似于较为稀疏的疏散

图版三　星云群（NGC3185、3187、3190、3193）

此星云群（在狮子座中，银经 180°，银纬＋56°）展示了多种星云类型——E2（3193）、S_a（3190）、SB_{ab}（3185）和 SB_c（3187）。视星等在 12 等到 13.5 等之间，平均视星等为 12.65 等，或者根据局部遮光（纬度效应）进行校正后，视星等约为 12.6 等。这个小样本的平均本征光度（烛光度）推测与一般星云的平均本征光度大致相同。后一个星云（见第七章）的绝对星等 $M_0 =$ -14.2。因此，正如系数 $m - M = 26.8$ 所表示的，狮子座星团的距离约为 750 万光年。

赫马森（Humason）测量了此星云群中的一个星云（3193）所对应于 810 英里/秒（1300 千米/秒）的径向速度的红移量。这个速度根据太阳运动进行了校正（见第五章），它显示此天体的距离为 700 万光年（见第七章），这个数据与根据光度所推导出的结果相一致。

此图版是用 100 英寸反射望远镜于 1935 年 12 月 24 日拍摄制作，页面顶端为北方，$1mm = 5''.7$。

星团。银河系也是这样一个星云群的成员，第一个确定距离的星云是它的邻近成员。最可靠的距离标尺是对造父变星的研究，但仍然几乎完全局限于这个本星系群之内。小型的星云群似乎比大型的星云群数量更多，但频率随成员数量变化的确切方式尚未确定。在等待到确定的信息之前，在整个群体范围内，从松散的星团到大星团本身，假设频数随着群成员数的增加而减少。

星云团

星云团的命名仍然是随意的，在这里的讨论中，"星云团"一词将仅限于大型星云团。"星云群"一词将用于所有较小的组织。

星云团相对罕见。实际上已知的大约有 20 个，在对暗淡至 20 等的巡测中得到的零散数据表明，也许能够预测出每 50 平方度就有一个星云团。

从外观上看，这些星云团非常相似。每个星云团平均可能由 500 名成员组成，分布在大约五个星等的范围内。星等的频数分布形式（巨星云、矮星云和正常星云的相对数量）很难确定，但它似乎在平均或最大频数星等附近是呈对称分布的，并且大致近似于一条正态误差分布曲线。频数曲线中越亮的分支越可靠，因为明亮的巨型星云在全体视场中较暗的星云里显得格外醒目。这些分支在不同星云团中非常相似，以至于最亮的前十个成员的星等可以作为衡量这个星云团本身可见特征的可靠指标。

所有成员的平均星等，在原则上可进行可靠的测量。已经在相对较少的个案中得到了直接确认。这个测定涉及星云团成员们在全体视场中的区别。这个问题虽然在较亮成员的情况下很简单，但在较暗的成员的情况下却充满了不确定性，因为近似星等的场星云数相对较多。一般来说，或者根据一些类似的经验规则，某一星云团中的平均或最大频数星等仅比最亮的成员暗 2.5 星等，或是比第五亮的成员暗 2.1 星等，或是遵循某种相似的经验规则。

这些星云团仅在适度的密度范围内有所不同，并且向中心的聚集虽然是可观测的，但并不是很明显。在后者中，星云团类似于疏散星团，而不是球状星团。所有类型的星云都有其代表，但与全体视场相反，更早型的，尤其是椭圆星云占据了主导地位。在某种意义上来说，每个星云团都可以用最常见的类型来表征，尽管关于该类型的离差相当大。有迹象表明，典型星云类型和致密度之间存在相关性，随着星云团最大频数类型沿着分类序列前进其密度减小。这些数据是零碎的，但考虑到在全体视场中晚型的孤立星云中占据大多数，这些数据也就暗示了一种可能性，那就是星云起源于星云团内并且星云团的解体可能会填充于全体视场中。然而，这个推测仍然是一个非正式讨论的话题，而不是主题，在认真考虑之前，还需要更多的数据。

鉴于星云团中存在的大量星云样本集合，各种样本的平均绝对尺寸应该相当有可比性。星云团的可见特征佐证了这一假设，这些特征在通常情况下类似于单一的典型星云团在选定距离处所表现出的特征。根据这个与目前所有可用数据相符的关于绝对可比性的初步假设，星云团的相对距离由其成员的平均视光度表示，或者根据实际效果由视星等较亮的星云团成员表示。随后，当确定了最近的星云团的绝对距离时，也可以立即得到所有观测到的星云团的绝对距离。

最暗弱的星云团是可以指定单独距离的最遥远的天体，那么当想要进行远距离观测时，最暗弱的星云团就被选中，并且为了方便起见，可以对其中最亮的成员进行观测。这些星云团中最亮的星云代表特定视光度而言的最大距离。

简要总结一下巡测的结果。小尺度的分布是不规则的，但在大尺度分布中近似均匀。在任何地方和方向上，可观测区域都完全一致，没有发现方向性。星云不是恒星系统的一部分，恒星来自一个独立系统，这个系统被嵌在星云世界之中。

图版四　北冕座星云团

　　北冕座星云团（赤经 15^{h}19.3^m，赤纬＋27° 56′，1930；银经10°，银纬＋55°）是大型致密星云团的一个典型例子。大约有400 个成员，其中大部分是椭圆星云，聚集在天空中相当于满月大小所覆盖的天区。最亮的成员视星等 m ＝ 16.5，亮度第五的视星等 m ＝ 16.8，所有成员的平均视星等 m ＝ 19（估计值）。最暗弱的成员大概在 100 英寸反射望远镜的观测极限处（大约 m ＝21.5）。对局部遮光和红移效应的校正将上述星等数值降低了大约0.25 星等。

　　由于这个星云团的成员平均亮度约为 6.1 星等，比室女座星云团的成员更暗，所以它们的距离大约是室女座星云团的 16.5 倍。赫马森在北冕座星云团中较亮的星云之一测量了对应于 13 100 英里／秒（21 000 千米／秒）的视向速度所对应的红移。这个速度是室女座星云团的 17 倍，与相对光度非常吻合。北冕座星云团通常采用的距离是根据星团中第五亮星云的平均绝对星等推得的。由于M_5 ＝－16.4（见第七章），则系数 $m － M$ ＝ 32.95，距离为 1.25亿光年。

　　图版四是用 100 英寸反射望远镜于 1933 年 6 月 20 日拍摄制作；页面顶端为北方，1mm ＝ 2″.9。

　　星云世界的居民单独或成群地分散在星云群中。星云群的频数随着星云群规模的增加而减少。这些星云群是从全体视场中形成的集合体，而不是交叠于视场上的额外群体。大型星云团与其中最大的星云群是非常相似的组织结构，它们的相对距离由它们的视大小来表示。

第四章
星云的距离

迄今为止所讨论的数据仅涉及星云的显著特征及其分布，但没有对绝对距离或尺寸作出任何说明。这些研究是在很久以前随着摄影技术的引入而开始的一系列研究的正常发展。大多数的结果都在中等倍率望远镜的所及范围内。该计划代表了探索的初步阶段，从中浮现出了关于星云的明确前景，作为一类天体中密切相关的成员，这些星云差不多均匀散布在可观测的空间区域中。

当前阶段探索关注的是对这种模式的解释。基本线索就是距离的尺度。海量星云数据稳步积累却越积越多，面临着越过未知数量的阻碍。在距离可用之前，取得任何进展都是不可能的。

大型望远镜的一个成就就是解决了这个问题。随着望远镜和观测技术的改进，它们最终达到了某个临界点，并且在特定的时候，阻碍就被攻破了。一旦缺口被打开，探索的浪潮就会席卷而来。由于距离变成了已知量，大量富有成效的新研究方法从已经积累的知识中发展出来。尤其是其中一个从星云光谱的红移中推得的方法，其所引出的结果的重要性堪比当初解决的距离问题。

在绝对尺度上基于两个命题展开对星云的研究。首先是星云距离可通过其所涉及的恒星视光度表示，其次为红移是距离的线性函数。这些命题非常重要，它们的发展和应用将会被详细讨论。首先来讨论距离的确定。

距离标尺的发展

现阶段的星云研究是最近开始有进展的。有三个值得注意的日期，其中任何一个都可以被选为合适的起点。在 1912 年测得第一个星云的视向速度，在 1917 年通过照相发现新星，在 1924 年发现造父变星。1917 年可能是最重要的，因为在照相图版上发现的新星开启了对星云中恒星的研究，恒星是推导距离的线索。随着最后一组恒星的距离可供使用时，星云的普遍特征得到了确认，它们也就被确定为独立的恒星系统，对星云世界的深入探索就此展开。

这些线索已经被非常迅速地利用了起来。自 1924 年以来，一种可靠的确定距离的通用技术在短短十年间就已经发展起来，探测工作也已经达到了望远镜的极限。可观测区域，即我们的宇宙样本，现在可以作为一个整体来考虑了。

精确性和结果超出了勘测工作的范围。规模的修订、细节的补充，尤其是对忽视因素重要性的认知，将理所当然地接踵而至。不过，总体轮廓已经用粗线条大致勾勒出了。新的研究也许可以做出规划，这些结果随着它们与总体规划相关的逐步认识而得到解释。

1917 年的情况大致如下。河外星云（当时被称为旋涡星云或旋涡类的星云）与行星和弥漫状星云状物质进行了区分，因为后两者都被认为是银河系天体。旋涡星云的情况涉及一直以来关于岛宇宙的争论。此轮猜测的热潮已归于平静，而热潮的形成主要是由于 1885 年 M31 中出现的明亮新星，其次是由于 1895 年 NGC5253 中出现的明亮新星。公认最重要的数据是由斯里弗（Slipher）测定的超乎寻常的视向速度和由范·玛宁（Van Maanen）测量的 M101 巨大的自转角速度。这些速度可能使星云摆脱银河系的引力，而可测得的旋转表明距离适中，可能使 M101 留在了银河系内。因此，证据是矛盾的。

旋涡星云中的新星

1917 年 7 月，里奇（Ritchey）在威尔逊山天文台的旋涡星云 NGC6946 的照片上发现了一颗以前未被记录的恒星（$m = 14.6$），根据进一步的数据分析，其中包括一张小尺度的光谱图，这颗恒星被确定为一颗新星。里奇和利克天文台的柯蒂斯（Curtis），立即检查了他们处理过的大量图版中所有的星云复制图版，并发现了有新星出现在旋涡星云中的几个更早的案例。在里奇于 1909 年收集的一系列 M31 图版上发现并确认了两个特别有趣的天体。新星类型的光变曲线被确定，表现出银河系新星常见的突然爆发和缓慢消退的现象，这种光度变化随后没有重复出现。

M31 中的两个天体都是在极亮时的光度下被发现的，因此它们的最大值可以准确地确定，约为 $m = 17$ 或是比最暗的裸眼恒星还暗弱 25 000 倍。接下来的两年中，在 M31 中系统地观测，共发现了额外的 14 颗新星，但在任何其他旋涡星云中都没有新发现。

这些新星都很暗弱，代表一个同质群，里奇发现的就是两个典型的例子。M31 中 1885 的新星属于不同的一类天体。它在极亮时的光度相当于该旋涡星云总光度的很大一部分，在这方面它类似于在其他较暗弱星云中检测到的照相新星。显示出明显特征的两组新星，其中一组可能比另一组亮数千倍。新数据的重要性取决于对这个问题的回答：在矮新星和巨新星这两类天体中，如果有的话哪一个可以与银河系新星相提并论？分组的划分是由柯蒂斯和其他人提出的，而这个问题是伦德马克（Lundmark）在 1920 年明确提出的。

1917 年，在这个区别得到清晰的辨别之前，可用的数据被凑在一起并且不加区分地使用。沙普利（Shapley）和柯蒂斯立即指出，旋涡星云中的新星看起来暗弱表明其距离很远，其平均距离比银河系新星的平均距离大了至少 50（沙普利）到 100（柯蒂斯）倍。

柯蒂斯接受了这个结论，认为它实际上是岛宇宙假说的证明。沙普利发现证据尚无定论，并赞成旋涡星云是银河系成员的假设。他认为，旋涡星云中的新星可能是被快速移动的星云吞没的恒星。后来（1920 年），在美国国家科学院的一个关于"宇宙尺度"的非正式辩论中，这两种观点均被他们的提出者做了更充分地阐述。

同年，伦德马克发表了一篇关于可利用数据的详尽综述，回顾了关于旋涡星云与银河系的关系及它们的距离估算。他的论文

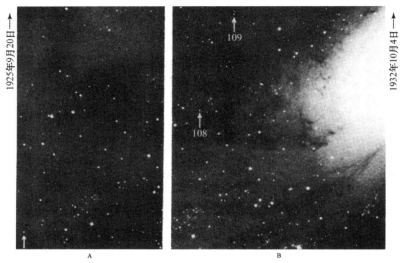

图版五　M31 中的新星

A 拍摄于 1925 年 9 月 20 日。除去 1885 年的超新星，第 54 号新星是在 M31 中观测到的最亮的新星。在这个图上的最大极限光度（$m = 15.3$），8 天后 $m = 15.7$，它在大约一个月后仍然可见。

B 由巴德（Baade）拍摄于 1932 年 10 月 4 日。第 108 号新星到达极限光度（$m = 16.0$），大约 9 天后 $m = 17.0$。赫马森拍摄的这颗新星的光谱与银河系新星的光谱非常相似。第 109 号新星大约在（未观测到的）最大值之后 6 天 $m = 16.7$。

A 和 B 都是用 100 英寸反光望远镜拍摄的，图版顶端为西方；1mm $= 7''.0$。

连同辩论，对这个问题在当时的情况做了总结概述。新星无疑提供了一个重要的距离标尺，但它的应用涉及一个问题，即巨新星或矮新星是否应该与银河系中的正常新星等同。伦德马克和柯蒂斯都选择了 M31 中众多暗弱的新星，认为它们更可能与银河系新星相媲美，并估算旋涡星云的距离约为 50 万光年。柯蒂斯得出结论，旋涡星云是独立的系统，可与银河系相媲美，"并向我们展示了一个更大的宇宙，我们可以穿透它进入一千万到一亿光年的距离"。沙普利拒绝了这个结论，伦德马克也不置可否。然而，三人都同意这个由新星提供的新标尺将旋涡星云线放到了远离太阳系非常远的地方。

星云的分解

新星的发现不可避免地导致了关于星云中所包含恒星的这一更为基础的问题的思考，而这反过来也导致了星云距离问题得到了最终解决。1889 年，《知识》（*Knowledge*）的编辑劳尼亚德复制了罗伯茨（Roberts）拍摄的 M31 照片，这是第一张展示了大星云旋涡结构的照片，并引起了人们对外围区域众多恒星的关注。这种现象似乎很正常，因为目前的推测都假设所有的白色星云都是岛宇宙，只要有足够放大倍率的望远镜，它们就会被分解。

罗伯茨本人并没有对旋臂中的颗粒状结构给出任何清晰的描述。他使用了术语"恒星""恒星状凝聚物""被星云状物体包围的恒星"等名词，不加区分地描述了星云核及颗粒状结构。人们逐渐对这些凝聚物的恒星特征产生了怀疑，当里奇在 1910 年描述他用新的 60 英寸反射望远镜拍摄的大旋涡星云照片时，这种怀疑似乎被证明是有道理的。这些照片的尺度相对较大，很容易得到现有的最精细且最清晰的图像。因此，当里奇声称"所有这些（旋涡星云，包括 M33、51、101 等）都由大量模糊的恒星状凝聚物组成，我称之为星云状恒星"，并在 M33 中提到了2400 颗"星云状恒星"，在 M101 中提到了 1000 颗"星云状恒星"时，自然而然地就假设这些凝聚物不能在一般意义上代表单个正常恒星。这种对拍摄图像的解释非常明显地拖延了对星云中恒星的研究。

伦德马克在 1920 年表示，在检查里奇拍摄的 M33 照片后，发现了"数千颗恒星构成了这个庞大恒星系统的一部分"。然而，伦德马克只看到了一份副本，而且鉴于里奇从原始图版中得出的结论，如果不进一步研究，新的解释几乎不可能被接受。伦德马克最终提供的新证据来自用 36 英寸反射望远镜制作的无缝光谱，这与所讨论的问题没有直接关系。凝聚物的性质仍然停留在推测的阶段。

几年后，这个问题的答案出现在两个独立的研究结果中，该研究使用更大的望远镜，即当时正在运行的 100 英寸望远镜。一项是研究星云状凝聚物的照相图像，使用了比以前分辨率更高的望远镜；另一个是在星云中识别造父变星的研究。对里奇的大星云图版的重新检查证实了先前的结论，即凝聚图像虽然非常小，但看起来似乎比恒星场照片上同样暗淡的图像更模糊。然而，核区的凝聚物叠加在了相对密集、未分解的背景上，那些在背景不明显的外部边界区域则被望远镜的各种色差扭曲了。因此，图像上的非恒星外观可能源于凝聚物的性质或由特定条件下的照相效果导致的。

后一种可能性通过两种方式进行了研究：首先，通过以核区域为中心的短时间曝光；其次，以星云的外部边界区域和邻近的选定区域为中心进行较长时间的曝光。在这两种情况中，这些图版都是 100 英寸反射望远镜在临界条件下拍摄的。这些图版以迄今为止最小的角直径拍下了恒星图像。当排除了照相拖尾效应的影响后，绝大多数的凝聚物的照相图像基本呈现出恒星外观。例如，在 M33 中显然存在许多表面图像，这些图像假定是恒星群、星云团和偶尔出现的星云状物质斑片，但除此之外，这些图像通常与图版上远离星云中心且同样暗弱的恒星图像难以区分。

这些结果为进一步的研究扫清了障碍。它们并没有证明凝聚物是恒星，它们只是证明了照相图像上的外观与恒星图像的外观没有区别。凝聚物的直径可能小于半角秒的任意量。但是很远的距离的半角秒代表着巨大的线直径。例如，在 100 万光年处，一个半角秒的角度对应着大约 2.5 光年的线直径。具有这一直径的天球可能包含许多恒星或大量非恒星物质。

直到一些凝聚物被识别为造父变星并且发现光脉动（light fluctuations）的范围是正常的，才可能将凝聚物明确地解释为单个恒星。如果代表一个星群或星团的凝聚物中的一颗恒星在某一特定范围内变化，那么整个凝聚物的变化范围将远小于其单个成员的变化范围。造父变星凝聚的正常范围将这些凝聚确定为单星甚至不是双星，更不用说是星群或星团了。

初步确定了其他类型的恒星；发现更亮的凝聚物主要是早型（白色或蓝色）恒星，这意味着它们的光度很高；M31 中的暗弱新星被认为与银河系新星相似；在 M33 中也发现了类似的天体。其余的凝聚物表现出的视光度频数分布，在通常情况下，这与恒星系统中较亮恒星的预期相类似。因此，当造父变星、新星和其他恒星在视光度标尺的某些特定点上建立了绝对光度时，类推就完成了，通常凝聚体被识别为单独的恒星。结论一致性更进一步的证据是，星云中最亮的恒星距离根据造父变星已经确定，就其绝对光度而言，与银河系中最亮的恒星相当。

造父变星

河外星云中的变星于 1922 年首次被发现，当时邓肯（Duncan）报告了 M33 所覆盖天区内的三颗变星。他的数据不足以确定变化的本质，并且他也尽量避免暗示变化与星云之间的任何关系。第二年（1923 年），在 NGC6822 中发现了十几颗变星，NGC6822 是一个类似麦哲伦云的不规则星云。造父变星的特征在其中几个变星中有所体现，但直到又延长了一年的观测后才得到完全证实。

第一颗河外造父变星于 1923 年底在 M31 中被明确识别。当年秋天启动了一项系统观测计划，目的是收集关于已知经常出现在大旋涡星云中的新星的统计数据。该计划中的第一张完美图版是用 100 英寸反射望远镜制作的，在它上面发现了两颗普通新星和一颗暗弱的 18 等天体，该天体起初被认为是另一颗新星。参考了先前由威尔逊山的观测者在寻找新星时收集的长期系列图版后，将这个暗弱的天体确定为变星，并很轻易地指出了其变化的性质。它是一个典型的造父变星，周期约为一个月，因此当它达到极亮时的绝对光度，正如麦哲伦云中的类似恒星一样，约为 $M = -4$，或大约是太阳亮度的 7000 倍。像观测结果所示那样暗弱（最亮时 $m = 18.2$），其所需距离约为 900 000 光年。

这第一次对造父变星确切的识别引发了针对大旋涡星云的广泛研究，该研究使用了所有可用的资料，但主要依据的是 100 英寸反射望远镜的长时间曝光。到 1924 年底，当第一个结果发表时，已知的变星有 36 个，其中 12 个已被确认为造父变星，它们的距离量级也得到了充分的确定。1929 年，当详细数据公布时，已知有 40 颗造父变星和 86 颗新星。4 颗造父变星的光变曲线如图 8 所示。与此同时，研究自然而然地扩展到了邻近的大旋涡星云 M33 之中。

邓肯发现的两个最亮的天体被确定为不规则变星，而最暗弱的一个被确定为造父变星。到 1924 年底，已知的造父变星有 22 颗。到 1926 年，已有 35 颗造父变星和 2 颗新星可供探讨。在不规则星云 NGC6822 中发现了 11 个额外的造父变星，并且在其他几个显眼的星云中观测到了未确定类型的变星。

造父变星似乎是明确的距离标尺。光变曲线是典型的，周期显示出与光度之间的密切关系，这种关系最初是在麦哲伦云中的造父变星中获得证实的。当然，光谱类型尚未确定，但代表累积光谱的颜色是正常的。旋涡星云的距离现在可以通过与研究银河

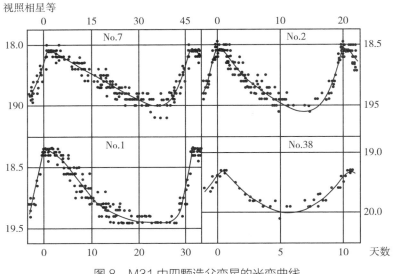

图 8　M31 中四颗造父变星的光变曲线

　　垂直刻度代表视照相星等；水平刻度表示天数。圆点代表在许多不同周期中进行的观测。叠加各种周期并通过整体数据来绘制正常的光变曲线。值得注意的是，最亮的 7 号造父变星的光变周期最长，而最暗弱的 38 号造父变星的光变周期最短。

系较远区域所用的方法推导出来，即应用恒星的绝对星等标尺。

　　最大的不确定性在于造父变星的周期－光度曲线的零点，这是将视星等归算到绝对星等并因此归算出距离所必需的常数。这个常数的值被普遍接受为公认标准，但随着可能重新汇编和改进的数据，预计将得到适度修正。同时，旋涡星云的距离可以用一个麦哲伦云或是作为一个整体的大小麦哲伦云的距离为单位来进行相当准确的表示，这个单位精确的绝对值则有待日后研究。

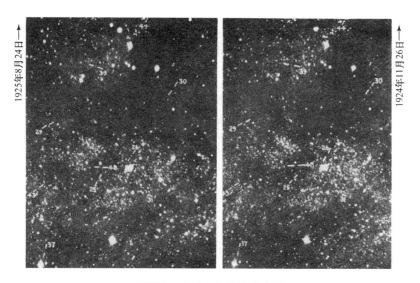

图版六 M31 中的造父变星

　　图版六的左侧，由邓肯拍摄于 1925 年 8 月 24 日；右侧图版，拍摄于 1924 年 11 月 26 日。该区域以一个疏散星云团为中心，位于星云团核的西南方向约 48′ 处，靠近旋涡星云的长轴。第 43 和 44 号星是不规则变星；其他的是造父变星。第 25、26 和 30 号变星的变化很明显，而在 37、39、43 和 48 中是明显可见的。

　　两个图版都是用 100 英寸反射望远镜拍摄的，页面顶端是东方（页面的外边缘）；1mm = 5″.0。

作为类星系的星云

　　造父变星绝不是星云中可观测到的最亮的恒星。它们被新星、某些不规则变星和蓝巨星超越，相对光度都在银河系中观测到的正常顺序之中。偶尔会发现弥漫状星云斑片，它们发出发射光谱并有蓝色恒星（类似于银河系星云状物质）包含其中，后来大量类似球状星云团的天体被发现。恒星的组成与麦哲伦云或银河系中可望看到的内容呈现出一致的相似性，如果可以从非常远的距离研究这些系统的话，恒星连同径向速度的证据就是压倒性的，而岛宇宙的理论似乎就毫无疑问地成立了。

　　该理论有两种形式。"岛宇宙"仅仅意味着星云是独立的恒星系统，散布在河外空间中。"类星系"还有一个额外的含义，即星云的尺寸或多或少与银河系本身的尺寸相当。在对有关该理论的两种表述所做的断然反驳中，直接而有力的证据是仍然存在着巨大的角自转量。早在 1916 年，范·玛宁就报告了 M101 的年自转量约为 0″.02。1921 年至 1923 年，他发表了相同量级的另外六个旋涡星云的自转，随后报告的测量结果也倾向于证实了早期的测量结果。

　　这些巨大的角自转意味着相对较小的距离，最多几千光年，因此直接反驳了来自恒星的证据。例如，在 M33 中，自转的线速度可从光谱图中获知，它的角自转显示出的距离约为 2100 光年，而与造父变星得出的距离 720 000 光年形成了对比。伦德马克在 1923 年重新测量了 M33 的一对图版，发现了一个相同方向的自转，但数值很小，以至于可以认为在允许的误差范围内。除此之外，关于自转的数据虽然完全独立且内部一致，但完全不符合岛宇宙理论。

　　由于恒星和视向速度的证据无法与角自转的证据相一致，因此有必要丢弃两组数据中的一组。由于第一组数据得到支持的可能性更大，所以就忽略了自转，尽管其基础上存在明显的矛盾，但星云领域的研究依然在发展。直到 1935 年才消除了这个矛盾，当时不同的观测者使用更长的间隔对几个星云进行了巡测，并给出了相反的结果，并表明以前发现的大自转是由模糊的系统误差引起的，无论是真实的还是看起来在运动，实际上星云本身并没有运动。

　　另一个反对"类星云"理论而不是"岛宇宙"理论的论点是银河系的直径非常大，有 300 000 光年，这是沙普利从他对球状星团的研究中得出的。如果星云的尺寸与此具有可比性，则由视直径所表示出的距离将是如此之大，以至于新星将会亮得惊人。当时的困境似乎很严重，星云的尺寸或新星的光度与人们认为银河系具有的量级不同。但是新星提供了更熟悉的标准尺度，而他们所暗示的距离量级最终由造父变星建立，与大小无关。然后以这样的形式重申了这一论点：如果星云是岛宇宙，那么银河系就是一个大陆。

　　这个讨论最终变为银河系与 M31 的比较，M31 被认为是一个异常大的旋涡星云。银河系的巨大尺寸不是根据总体发光物质的分布情况推导得到的，而是来自几十个球状星团的分布，这将决定其从很远的地方观测到的表观亮度。此外，遮光效应已被忽略了。银河系内部或附近的许多星云团看起来很暗弱，并不是因为它们的距离太远，而是因为它们被弥漫在低纬度地区的尘埃和气体云所遮蔽。当后来的巡测考虑到这些影响后，银河系由星团勾勒出的轮廓直径，从原来的 300 000 光年减至一半或三分之一。

另外，M31 的直径也是从总体的发光物质中推导出来的。后来，当在 M31 中发现球状星团时，这些星团勾勒出了一个更大的系统轮廓，其量级与银河系相当，尽管后者可能表现为聚集度较低的星云类型。此外，最初的估计是通过对小尺寸照片上的图像进行简单检查即可得出，这些图像可以很容易地用光度计追踪，然而这些图像远远超出了简单检查所能追溯的范围。现在已知 M31 测量得到的直径是最初估计的两倍多，并且与星团显示的直径相当吻合。

因此，旋涡星云和银河系尺寸之间的差异在很大程度上已经基本消失了。从更好的角度来看，这片大陆已经缩小了，那座岛也变大了，直到它们不能再被归到不同的量级中。银河系可以被认为是较大的星云之一。球状星团分布在广阔的空间中，但在外围区域，偶尔出现的星云团可能仍然很显眼，而且恒星的密度可能非常低。从 M31 看到的银河系应该覆盖了整个天空区域，这与从银河系看到的旋涡星云相当，这并非不可能。

星云距离的其他标尺

岛宇宙的理论现在已经被完全建立起来了，甚至是类星系的理论，它们之间没有明显的差异。在发现造父变星时，这个情况就更加难以区分了。我们对两个明显的旋涡星云 M31 和 M33 及不规则星云 NGC6822 中的恒星进行了全面的分析。它们显然是距离不到 100 万光年的独立恒星系统。麦哲伦云随后被认为是距离很近的河外星系。因此，一小部分星云样本可以作为进一步探索的出发点。该小组的调查结果将在稍后公布，但所使用的方法的普遍性质可以在这里加以说明。

星云的集合是如此之少，以至于其几乎不能被视为一个合适的样本。但由其恒星组成所产生的可能性并没有得到详尽的讨论。造父变星并不是星云中最亮的恒星。如前所述，它们的亮度被普通的新星、某些不规则变星和蓝巨星（比如 O 星和 B 星）超越。每一种恒星类型都提供了距离指针，与其他恒星的粗略相比，造父变星相当准确。所有一切都很重要，因为只有恒星才是最重要的标尺；其他确定星云距离的方法最终必须由恒星来校准。

随着距离的增加，我们可以预期的是造父变星会先暗淡，之后是不规则变星，然后是新星，再然后是蓝巨星，直到只能看到所有恒星中最亮的那些。最后，将留下数百万个星云，其中除了偶尔出现的超新星外，根本看不到任何恒星。观测结果相当准确地证实了这个期望。此外，这些数据虽然微不足道，但强烈表明晚型旋涡星云中最亮的恒星具有大约相同数量级的绝对光度。恒星光度似乎有一个上限，这个上限大约是太阳光度的 50 000 倍，在大多数大型恒星系统中都非常接近。因此，当任何恒星都可以在星云中被探测到时，那么恒星的粗略距离估计就是可能的。

出于统计的目的，该方法相当可靠，它提供了已知距离的某些类型星云的集合，大到足以被视为一个合适的样本。该方法最严重的缺陷是，一般来说，恒星只能在较晚型、更疏散的旋涡星云和不规则星云中检测到。幸运的是，在某些室女座大星云团的旋涡星云中可以探测到恒星。其他类型的星云在星团的数百个成员中都有很好的呈现，因此它们的距离及旋涡星云的距离都可根据恒星推导。对如此可用的大量样本集的分析给出了星云本身的普遍特征，可以用作记录星云距离的统计标尺。最终，在红移中发现了另一把标尺，其百分比精度随着距离的增加而增加。

　　星云世界的探索是在这些标尺的帮助下推进的。早期的工作在很大程度上通过这些结果的内在一致性得到了证明，虽然已经牢固地建立起了基础，但上层结构有相当多的推断成分。这些推断以各种可以设计的方式进行了检验，但是大部分测试都涉及内在一致性。上层结构最终被接受是由于一致性结果的稳步积累，而不是关键性和决定性的实验。

第五章
速度－距离的关系

早期的星云光谱图

1864 年，哈金斯（William Huggins）首次对星云的光谱进行了可视研究。那些河外系统当时被称为白色星云，它们在光谱上是连续的，但非常暗弱以至于无法很确切地测定其他细节。对最亮星云 M31 的长期研究导致了对其同时存在吸收线（吸收带）和发射线（发射带）的推测，而 1888 年拍摄的一张非常暗弱的照片似乎证实了这个初步结论。1899 年，当沙伊纳（Scheiner）用清晰的 M31 光谱图解决了这个问题时，还没有发表任何关于照片的报告。这些光谱图展示了没有任何辐射的太阳型光谱。他得出的结论是，旋涡星云可能是一个恒星系统，从而重新唤起了人们对岛宇宙争论的兴趣。法思（Fath）和沃尔夫（Wolf）将研究扩展到其他星云并得到了类似的结果，最终认识到太阳光谱型在较亮的旋涡星云中的普遍存在。

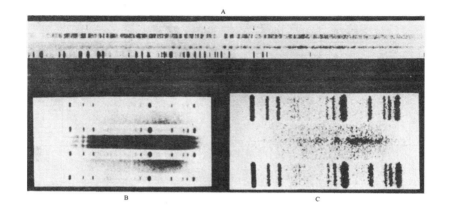

图版七　星云的光谱

A. M32 的大尺度光谱，与太阳光谱的对比

M31 和 M32 的核区光谱是仅有的在大尺度上获得的星云吸收光谱［原始版，1mm ＝ 73Å（埃），波长 4350Å］。它们与太阳光谱非常相似，只是星云光谱中的谱线更宽，这可能是星云内部运动的结果。矮星云的特征很明显，由谱线相对强度反映出的绝对星等在三个光谱中均大致相同。

图版七显示了位于太阳光谱下方的 M32 光谱。比较光谱是铁弧的光谱，红端向右，紫端向左。右边最后一条明显的吸收线是氢线 Hβ。在星云光谱中心附近的明显铁谱线相对于比较谱线向紫端移动，这表明了星云在视线方向上的相对运动是朝向观察者的，速度大约为 120 英里／秒。这种运动在很大程度上反映了太阳在其围绕银河系中心的轨道上运动（图版由赫马森拍摄制作）。

B. 显示出自转证据的 NGC3115 光谱

在图版一中呈现的是 NGC3115，这是 E7 星云的典型例子。光谱仪的狭缝沿着纺锤形图像的长轴方向，因此，光谱的上半部分代表来自星云一端的光，下半部分代表来自星云另一端的光，中央地带代表来自星云核心区的光。

靠近星云光谱左端（紫端）的一对明显的吸收线是钙的 H 线和 K 线。相对于中央核区，它们是倾斜的，顶部向红端移动，底部向紫端移动。这一倾斜可解释为星云绕短轴自转的证据。相对于核心区，一端在后退，另一端在靠近。自转速度及其变化方式随着核心的距离由倾斜角度表示（由赫马森拍摄制作）。

C. 牧夫座星云团中的某一个星云的光谱

该插图是未经修饰的光谱图（由赫马森拍摄）的放大版，其比例为 1mm ＝ 875Å，波长 4500Å。它显示了已有记录中得到充分确认的最大红移，视速度为 24 400 英里／秒（39 000 千米／秒）。由于光谱图是在接近仪器倍率极限时获取的，因此这些重要特征不是很明显。然而，很容易在对照光谱（波长为 4500Å 的氦）中最强谱线的对面看到在小尺度上混合的 H 线和 K 线。星云光谱中 H 线和 K 线左侧的间隙主要是由于在拍摄非常微弱的光谱时必须使用的粗粒感光乳剂中的透镜状不敏感点导致的。在附近的光源中，H 线和 K 线的正常位置在左起第二条比较谱线附近（请参阅图版七上 NGC3115 的光谱，其中 H 线和 K 线看上去好像是互相分开的而且红移很小）。

最早的视向速度

1912 年，洛厄尔天文台的斯里弗（V. M. Slipher）首次测量了某一星云的视向速度。虽然已经确定了光谱的普遍特征，但还没有解决确定吸收线精确位置这个更困难的问题。困难来自星云图像暗淡的表面亮度。与恒星不同，恒星的光几乎被所有望远镜集中成点图像，星云则形成相对较大的图像，并且成像区域随着所用望远镜的焦距而增加。如果焦比恒定，那么使用较大的望远镜，只会在较大的图像上散布更多的光，而表面亮度不变。

通过缩短给定光圈的焦距并因此将光集中至较小的图像中，这一方法解决了直接摄影中遇到的困难。然而，当通过一个棱镜来拍摄图像时，对望远镜的这种修改则没有任何益处了。解释起来很简单，但由于它涉及光学仪器的特性，因此无须详细介绍。对于大而均匀的表面，所有望远镜的效率都差不多。除了用于拍摄光谱的棱镜后面的相机外，没有任何其他优点。该方法在小表面的情况下失效，对于较暗弱星云的集中半恒星图像，较大的望远镜的效率越来越高。然而，在拍摄暗弱光源的光谱时，最重要的单一因素就是相机的感光速度。

斯里弗充分利用了这一原理，并将连接在洛厄尔天文台的 24 英寸折射镜上的一种强光力短焦相机改装成一台小色散光谱仪。有了这个设备，他能够以高清晰度和比例来记录 M31 的光谱，尽管规模很小，但足以表明吸收线不在它们通常的位置上。其位移朝向光谱的紫端，表明运动的径向分量朝向地球。精确测量表明，它大约以 190 英里（300 千米）每秒的速度接近地球。1912年秋天获得的四张光谱图给出了一致的速度，可以公布这些结果并可以充分依赖其可靠性。

斯里弗的视向速度表

在新领域中的第一步往往是最困难和最重要的，根据这一普遍共识，对 M31 速度的确定我们已经进行了相当程度的讨论。一且突破了壁垒，接下来的发展就比较容易了。但是记录每个星云速度是一个缓慢的过程，并且在观测完最亮的天体之后就会变得越来越费力。几乎是斯里弗一个人在进行着这项工作。1914 年，他列出了 13 个星云的速度，到 1925 年他的贡献已经增加到了 41 个。少数几个星云的速度也在其他天文台得到确认，经充分确定数据的有效性并排除任何合理的怀疑，但只有 4 个新速度被添加到斯里弗的列表中。至 1925 年，共有 45 个星云速度可供探讨。

虽然第一个测得的速度是负的，表示朝向观测者运动，但正速度数量越来越多，表示远离观测者的运动，很快它们就完全占据了列表内的大多数。此外，在观测了最显眼的星云后，发现新测得的速度数值大得惊人。完整列表的范围从 － 190 英里 / 秒到 ＋ 1125 英里 / 秒，平均值约为 ＋ 375 英里 / 秒。这些速度与任何其他已知类型的天体速度完全不在一个量级。它们是如此之大，以至于星云可能超出了银河系引力场的控制范围。星云似乎是独立的天体，这个结论与岛宇宙理论是一致的。

对数据的解释

太阳相对于星云的运动

实际上，在最初试图解释这些数据时，并没有认真考虑过其他理论。带着太阳的银河系，应是在星云世界中快速移动，而星云本身也在以相当的速度在随机的方向上飞速移动。因此，每个被观测到的速度都是以下两个因素的组合：（a）星云的个体运动称为"本动"及（b）太阳运动的表现。如果观测到足够多的星云，那它们的随机本动将会相互抵消，从整体数据中只体现出太阳运动的表现。

这个原则是我们所熟知的，其用于在恒星系统中确定太阳相对于恒星的运动非常有效。它于 1916 年由杜鲁门（Truman）首次应用于星云，当时只已知十几个星云的速度。其他人也解决了这个方程式（包括斯里弗），当在 1917 年，他已有 25 个星云的速度可供使用了。数值结果非常相似，太阳运动被解释为实际的银河系运动，大约为 420 英里 / 秒，大致是在摩羯座的方向上。

人们预期当移除太阳运动后，剩余的星云本动将会比观测到的速度小得多，而且它们将会是随机分布的，接近的速度与退行速度一样。实际上，剩余运动的速度仍然很大并且大多数是正值的。不对称分布表明除了太阳的运动外还存在一些系统效应。正是出于这个原因，维尔茨（Wirtz）在 1918 年引入了一个看似任意的 K 项，在开始研究太阳运动之前先从所有观测到的速度中减去一个恒定速度值。

K 项的概念并不新鲜。例如，它曾被用于确定太阳相对于 B 型星的运动。在那种情况下，它大约相当于 4 千米 / 秒，并且被认为代表了大气压力、引力场或蓝巨星特有的其他条件引起的某种效应。然而，在星云的情况下，为了使剩余速度的分布得以实现，需要一个大到难以置信的项，大约是 4 千米的 100 倍。将其引入是合乎逻辑的一步，但需要一些勇气来进行这样的冒险。

维尔茨在这个问题的公式中，将 K 项和太阳运动作为未知数，这些未知数需要根据观测数据来确定。在他第一次进行求解时，他只知道 15 个星云的速度值，但在三年后（1921 年），他用 29 个星云的速度重复了他的研究。新数值与先前的结果基本处于同一量级。K 项约为 500 英里 / 秒。太阳运动也是大约 440 英里 / 秒，但现在大致指向北天极方向。

然而，更重要的是残差是分散的，或者换个说法，单个星云的本动或多或少是随机的。系统效应的证据几乎消失了。这个问题并没有完全解决，残差也不完全令人满意，但是有如此显著的改进，以至于接纳 K 项为星云速度的一个特征。所有对该问题的后续讨论都理所当然地将 K 项包括在内了。

作为距离函数的 K 项

当维尔茨首次引入 K 项时，他只说了这是必要的，因为正号占优势并且速度的数值很大。他完全意识到了这样的结果，如果谱线的位移按字面意思解释为实际的速度位移，那么 K 项就必须代表所有的星云从银河系附近开始系统性的后退。他并没有只致力于对此解释，而是将问题保留的同时，并继续使用该术语，就好像它是一种为了"挽救现象"而随意使用的临时手段。之后可能会找到其原因。

而这似乎是可行的，目前的理论似乎已经表明了 K 项的重要性。爱因斯坦（Einstein）在 1915 年制定了他的宇宙学方程式，该方程式表示了空间物体与空间几何形状之间的关系，该方程式与广义相对论推断一致。假设宇宙是静态的（不随时间发生系统变化），他得到了该方程的一个解，因此，德西特（de

Sitter）在 1916—1917 年使用相同的方程找到了另一个解，描述
了一种特殊的宇宙。后来表明，基于此特定假设，没有其他可能
的解。这两个可能的宇宙都得到了细致的研究，以便了解它们中
的哪一个更接近于我们实际居住的宇宙。两者之间有一个明显的
区别，德西特的解预测了远距离光源光谱中存在正位移（红移），
平均而言，它应该随着与观察者距离的增加而增加。德西特在当
时只知道三个星云的速度，无法在理论和观测之间进行全面的比
较。然而，正如他所说，很明显两个较暗弱的星云（NGC1068 和
NGC4594）有着巨大的正速度，与所有旋涡星云中最亮的 M31 的
负速度形成鲜明的对比，这些均与预测一致。

　　德西特宇宙如今不再被视为代表真实的宇宙，但在当时它的
重要目的是将注意力直指变量 K 项的可能性。该理论并未预言
红移随距离增加的比率值；比率可能很大或很小，也可能很显著
或者难以察觉，这一问题只能通过观测才能得到确定。但在必要
的数据中涉及星云的距离，而在当时距离是未知的。由于这一事
实，再加上对于不熟悉的广义相对论言论所表达的革命性思想时
有一种自然的惰性，阻碍了他立即进行相关研究的速度。直到后
来，当爱丁顿（Eddington）和其他人"普及"了这些新思想后，
这个问题才被认真考虑。

　　如果速度随着距离的增加而增加，那么巨大的常数 K 项可
能代表了与已观测到的特定星云群的平均距离相对应的速度。这
种可能性得到了普遍的认可，尽管似乎没有人对此作出具体的声
明。这个问题表述如下：所有星云的 K 项是常数还是会随距离而

变化?

　　星云的绝对距离难以确定。唯一可用的相对距离标尺就是视直径和视光度。这两者都不可靠,因为实际尺寸和本征亮度的变化范围是完全未知的,而且这些范围被认为是相当大的。

　　例如,在 M31 及其两个伴星的三重系统中,直径的变动范围从 60 到 1 不等,光度范围从 100 到 1 不等。没有证据表明这些变幅可以适用于整个星云。然而,一般来说,较小、较暗弱的星云无疑比较大、较亮的天体的平均距离更远。如果与速度对应的距离的变化范围远大于标尺引起的离散的话,则此标尺可能是有用的。

　　该领域的领导人物维尔茨于 1924 年首次尝试使用 42 个星云的视直径和速度将 K 项表示为一个距离函数。在预期的方向上发现了合理的相关性,随着直径的减小,速度趋于增加。然而,结果是启发性的而不是最终确定的。它们不仅受到实际直径中的未知离散所引起的不确定性影响,而且还包括速度和聚集度之间明显相关性的影响。高度集中的球状星云作为一类,表现出了最大的平均速度,而巨大且暗弱的不规则星云和疏散旋涡星云则表现出了最小的平均速度。在这些限制中,速度随着聚集度的增加而增加。

　　这种相关性广为人知,并激发了人们将 K 项解释为强引力场产生的爱因斯坦红移的不成功尝试,类似于太阳光谱中的红移,它曾作为广义相对论理论的关键验证之一。最终人们意识到这种相关性是简单的选择效应。聚集度高的天体,由于它们的表面亮度很高，在拍摄星云光谱这项艰巨的任务中被优先考虑。因此，尽管这些天体相对较少，但自然而然地倾向于选择它们来研究暗弱的星云。通常来说，它们代表了观测到的最暗弱和最遥远的星云，因此它们表现出最大的平均速度。但解释来得却晚了很多。当时，人们认为直径的递增可能意味着聚集度或距离的递增，或是两者的同步递增。因此，直径和速度间的相关性不明确。

此外，维尔茨并没有简单地使用直径，而是使用直径的对数。这个选择很实用便捷，但它也导致将结果表达为速度和直径的对数（或者他认为的与距离的对数）之间的线性关系。这一关系从原则上与德西特所预测的不同。因此，考虑到作为一种聚集度效应的替代解释的可能性，天文学家倾向于推迟判断，直到有更多的可用信息为止。

维尔茨提出了一些论点，表明他的相关性不能完全归因于实际直径或表面亮度的变化，不久之后多斯（Dose）也表明速度和简单直径之间存在类似的相关性，尽管这一相关性不太明显。然而，随后伦德马克和施特龙贝格（Stromberg）的研究未能确定速度和距离之间存在明确的关系。1924 年，伦德马克使用与维尔茨相同的星云，并结合直径和亮度作为距离标尺来使用，较为乐观地得出结论："两个量（速度和距离）之间可能存在关系，尽管不是非常明确的关系。"1925 年，施特龙贝格仅使用光度作为距离标尺，对数据进行了十分清晰的分析，并发现"没有足够的理由认为视向运动与太阳的距离之间存在任何关系"。当然，这个陈述是指根据当时掌握的信息所显示的情况。它代表了观测者的观点，无论最终真相如何，数据都不能建立起某种关系。进一步的讨论可能不会有太大贡献，重要的是额外的数据和更精确的距离标尺。然而，施特龙贝格相当清楚地指出，尽管 K 项似乎并不随着距离的变化而系统地变化，但它在不同星云之间可能有所不同，对于 M31 和麦哲伦云来说很小，但对于 NGC584（其测得的最大速度为 ＋1125 英里 / 秒）来说则很大。

　　不久之后，朗德马克进行了一次决定性的尝试，以揭示这个变量 K 项。他使用了与之前相同的数据，但是在方程中将常数 K 项替换为幂级数形式：

$$K = k + lr + mr^2$$

其中 r 表示以未确定的 M31 距离作为一个单位。结果令人失望。级数中的常数 k 确定为 320 英里 / 秒，比之前的 K 值稍小，但仍属于相同的数量级。系数 l 很小且不确定，约为 ＋6 英里 / 秒，表明存在细微的距离效应（约为当前值的 8%），但系数 m 非常小且更加不确定，为 －0.047。伦德马克认为虽然 m 的精确值不确定，但它表示了一种真实的现象，它显然为星云可能达到的退行速度设定了上限（除了它们的本动之外）。他得出结论："在旋涡星系中，几乎不会发现大于 ＋3000 千米 / 秒的视向速度。"

速度－距离关系

　　此问题就这样搁置到了 1929 年。斯里弗已经转而关注其他问题，而且只有两三个新确定的速度。但新的距离标尺已经制定了出来，它比根据视大小和视亮度得出的距离标尺要可靠得多。

正如前文所述，新标尺是由星云中的恒星而不是由星云本身提供的。星云现在被公认为是散布在河外空间的独立恒星系统。在少数几个距离最近的星云中，可以拍摄到成群的恒星，并且可以识别其中的不同类型，这些类型在银河系中是已知的。这些恒星的视暗弱度提供了它们所在星云的可靠距离。

基于星云中最亮星的视暗弱度所反映出的距离不太精确。这个标尺可以应用到最近的大星团——室女座星团，其距离大约为六七百万光年。与速度所对应的距离范围相比，新标尺中的离散相当小。新的进展不可避免地导致了对 K 项作为距离函数的重新研究。

尽管在 1929 年已有 46 个天体的速度可供利用，但新标尺仅给出了 18 个孤立星云和室女座星团的距离。然而，距离的误差与它们所分布的范围相比是如此之小，以至于速度－距离之间的关系（图 9）基本可以从目前的表格数据中呈现出来。

太阳相对于星云的运动速度约为 175 英里／秒，大致朝向是明亮的织女星方向。这个结果与银河系自转（太阳围绕银心的轨道运动）所引起的太阳运动没有太大不同。这些一致清晰地表明星系系统在星云之间的运动一定很小。目前数据还不足以精确地确定这种运动。

K 项被严格地表示为距离的一个线性函数。在约 650 万光年的观测范围内，速度平均以每百万光年距离约 100 英里／秒的速率增加。当从观测到的速度中消除距离效应和太阳运动时，代表星云本动的残差平均约为 100 英里／秒。此外，接近的速度与远

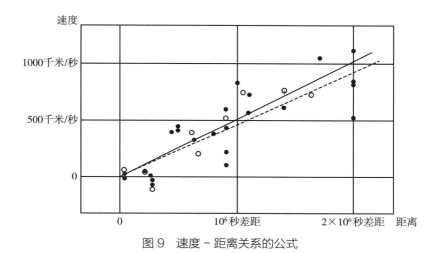

图 9　速度－距离关系的公式

　　根据太阳运动进行校正后的视向速度（单位：千米／秒）绘制对应的距离（单位：秒差距），对于室女座星团（由 4 个最近的星云代表）的例子中，距离是根据它们的平均光度而估算出来的。黑色圆圈和实线代表使用单个星云求出太阳运动的解；圆圈和虚线是将星云分组得到的解。

离的速度大致相同。因此，观测到的速度已减至正常状态，并且残差的分布也令人满意。

　　"速度－距离"关系一旦建立，显然可以用作所有速度已知星云的距离标尺。新标尺的首次应用是针对斯里弗名录中那些没有测到恒星的星云。观测到的速度除以 K 项可以得到对应的距离，其唯一的误差是由本动引起的星云距离。距离和视暗弱度组合在一起，反映了本征光度。通过这种方式得到的本征光度与观测到恒星的星云的本征光度高度相似。平均光度及其分布范围在测定的误差范围内是一致的。速度已被测量的星云似乎形成了一个同质的星云群，而在其中可以观测到恒星的星云则是该群星云一个合适的样本。这些结果的一致性是"速度－距离"关系具有有效性的另一个证据。

赫马森的视向速度表

多位权威人士对这些数据进行了重新讨论，偶尔稍作修改，但得到公认的是，通常来说此线性关系合理地解释了当时观测到的速度。然而，这些数据很少，而且分布范围仅占可观测天区的一小部分。进一步的进展则取决于将观测范围扩大到更暗弱、更遥远的星云。这项艰巨的任务由威尔逊山天文台的米尔顿·赫马森（Milton Humason）承担。

在他开创性的工作中，斯里弗观测到了具有代表性的明亮星云集合，其范围一直到了其 24 英寸折射望远镜的有效分辨极限。赫马森利用威尔逊山上的大型反射望远镜，将这项工作延伸到了未被探索过的天区。他于 1928 年启动了他的计划，到 1935 年的时候已经增加了近 150 个新的星云速度，其距离范围是室女座星云团距离的 35 倍。

星云光谱研究的新阶段代表了技术方法和仪器设备的稳步发展。就小型暗弱星云的半恒星图像而言，大型反射镜比小型望远镜有着明显的优势，尤其是 100 英寸的反射望远镜。光谱仪就是为了最大限度利用这种特殊能力而设计的，并且经常会根据使用经验进行调整。

　　棱镜后面的相机使得雷顿透镜诞生，是相机发展出来的最重要的设备。该镜头是由博士伦光学公司的雷顿博士设计的，它是根据倒置显微镜物镜的原理构建的。镜头的焦比为 F0.6，焦距略大于光圈孔径的一半，如此高的感光速度使其能够记录极暗弱星云的光谱。

　　雷顿透镜的成功促进了更进一步的实验，这些实验最终在油浸显微镜物镜的改装中达到了顶峰。根据这一原理，焦比 F0.35 的焦距约为光圈孔径的三分之一，尽管透镜尚未在望远镜上进行过测试。

星云团

　　赫马森根据少数速度已知的亮星云的光谱开始他的研究。当他确信他的设备和技术方法可靠时，他向新的天区进行了大胆的尝试。第一个问题是在巨大的距离范围内检验速度－距离的关系。因此，观测集中在星云团中最亮的星云上。

　　第一个速度是飞马座中的一个星云团，为 ＋2400 英里／秒，是此前已知最大速度的两倍多。此后，随着观测到的星云团越来越暗弱，吸收线也在整个光谱上铺展开来。彗发星云团的速度为 4700 英里／秒，大熊座一号星云团的速度为 9400 英里／秒，双子座星云团的速度为 15 000 英里／秒，最终，牧夫座和大熊座二号星云团的速度分别为 24 500 英里／秒和 26 000 英里／秒，均约为光速的七分之一。

　　在望远镜（卡塞格伦望远镜）的长焦点处无法看到后面这些

星云团中的星云。光谱仪的狭缝首先对准邻近的恒星，然后移动测得的量（通过直接摄影照片确定的）到看不见的星云所在的位置。因此，观测结果几乎延伸到现有设备的最远极限。在建造出更大的望远镜之前，预计不会有非常重大的进展。

在整个范围内的速度都直接随着距离的增加而增加，并且只要可以估计距离，这种线性关系就严格保持着。除了巨大的速度效应外，星团中五个或十个最亮星云的视光度将提供相当可靠的距离标尺。较暗的星云团中的光谱整体向红端移动了很远，以至于在照相区域中的光分布有着明显改变。因此，星云看起来比正常情况下更暗弱，并且效应直接随着红移程度而增加。对该效应的精确估算有些不确定，稍后将对红移进行解释时得到讨论。但这一效应的基本情况是已知的，并且现在也理所当然地应用了近似的修正。

根据已测得的两个最暗的星云团的速度，其距离估算分别约为 2.3 和 2.4 亿光年（7000 万和 7300 万秒差距）。因此，速度 – 距离的线性关系在巨大的空间体积内得到了证实，并且可以将其视为可观测区域本身的一个普遍特征。

孤立星云

在对星云团进行了初步研究后，重点被转移到了孤立星云上。在这方面，也是赫马森迅速扩大了数据规模。之前名录中的 18 个可探测到恒星的星云已增加到 32 个，孤立星云的速度总数也已超过 100 个。该计划中还包含了星云群，现在由 5 个已经明确被定义的星云群中的大约 15 个星云的速度作为代表。

在 13.0 星等以下的孤立星云都清晰地呈现出来，并且有大量的星云分布在更暗弱的星等上。迄今为止观测到的最暗弱的孤立星云为 17.5 星等，速度为 ＋12 000 英里／秒。所有天体似乎都符合由星云团确定的速度－距离关系。根据这些孤立星云推导出的无疑是线性关系。K 项的数值不可能独立被确定，但当引入星云团的数值，并对选择效应进行必要的修正后，所得星云的距离和光度与其他来源推得的数据是完全一致的。实际上，速度－距离的关系正是如此牢固地被建立起来的，以至于假设它对所有星云都成立，并且对观测到的残差进行了分析，以获取它们提供的有关星云本征光度或光度函数中的离散信息。

速度－距离关系的意义

作为纯粹的距离标尺，这一关系对于星云研究来说是很有价值的。唯一严重的误差就是由本动引起的。这些误差的平均速度在 100 到 150 英里／秒之间，并且可能与距离没有关系。当 K 项随着距离的增加而增加，保持恒定的本动在 K 项中的占比越来越小。因此，测定的精确度随着距离的增加而增加，这相比于使用光度计测量的方法更受欢迎。

速度－距离的关系不仅对星云研究来说是一个强有力的帮助，它也是我们对于宇宙样本已知的极少数普遍特征之一。直到最近，对太空的探索还曾一度局限于相对较短的距离和较小的空间体积，在宇宙意义上，也就是说还局限于相对微观的现象。现

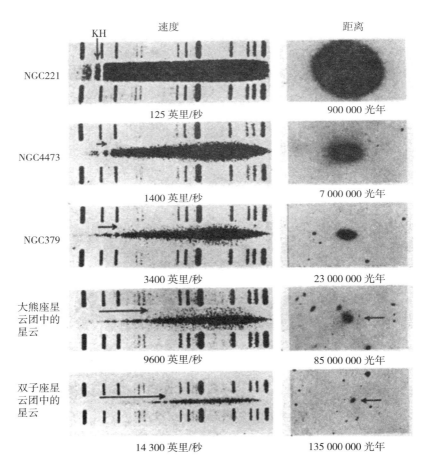

图版八 河外星云的速度 − 距离关系

　　图版八中的 5 个例子证明了星云的光谱红移随着星云视暗弱度而增加的经验规律。由于视暗弱度可以衡量距离，因此该定律可以用红移随距离增加的形式来表述。经详细研究表明，此关系是线性的（红移＝常数 × 距离）。

　　红移类似于速度漂移，目前还没有其他令人满意的解释：红移要么是由于实际的退行运动，要么是由于某些迄今为止未被认识的物理学原理导致的。因此，通常对此经验定律描述为速度－距离关系（速度＝常数 × 距离），并且常常被认为是广义相对论中关于宇宙膨胀的明显可见证据。

　　光谱由赫马森拍摄。NGC221 的速度朝向地球为负，而且反映了太阳围绕银心轨道上的运动。其他远离地球的速度为正。NGC221（M32）的距离应为 700 000 光年。此次修订考虑到了局部遮光效应。

在，在星云世界已经可以研究大尺度且宏观的物质和辐射现象。人们因此期望很高。有一种几乎任何事情都可能发生的感觉，事实上随着迷雾的消退，速度与距离的关系确实浮现了出来。这是最重要的，因为如果能够充分解释这种关系，它可能会为宇宙结构问题提供一条重要的线索。

　　观测表明，星云光谱的纹理从正常位置向红端移动，并且红移是随着星云的视暗弱度而增加的。视暗弱度可以根据距离得到明确的解释。因此，观测结果可以重新表述为红移随着距离的增加而增加。

　　对红移本身的解释并不能激起研究人员如此绝对的信心。红移可以表示为分数 $d\lambda/\lambda$，其中 $d\lambda$ 是正常波长为 λ 的某一谱线的位移。位移 dλ 在任何特定光谱中都会系统性地变化，但变化的结果为分数 dλ/λ 保持恒定。因此，dλ/λ 明确表示了任何星云的红移，它是随着星云距离线性增加的那个部分。因此，将用分数 dλ/λ 来表示术语红移。

此外，因为位移 dλ 始终为正（朝向红端），所以一条发生位移的谱线波长 λ + dλ 始终大于正常波长 λ。波长的增加倍数为（λ + dλ）λ，或等效为 1 + dλ/λ。现在，物理学中有一个重要的基本关系，即任何光量子的能量乘以量子的波长都是恒定的常数。因此：

$$能量 \times 波长 = 常数$$

显然，因为乘积结果恒定不变，所以随着波长的增加而产生的红移必然会减少量子中的能量。对红移的任何看似合理的解释都必须要考虑能量的损失。这种损失要么发生在星云内部，要么发生在光到达观测者的漫长路途中。

对此问题的彻底研究已经得出了以下结论。

已知有几种可能产生红移的方式。在所有这些方式中，只有一种会产生巨大的红移，而不会涉及其他应该很显著但仍未被观察到的现象。这一方式将红移解释为多普勒效应，也就是因相对速度而产生的变化，表明星云实际的退行运动。可以有把握地说，红移是由于相对速度而产生的变化，否则它们就代表了物理学中迄今为止尚未认识到的一些原理。

理论研究者普遍采用速度导致变化的解释，并且认为速度－距离的关系是膨胀宇宙理论的观测基础。此类理论得以广泛流行。它们代表遵循非静态宇宙的假设而得出的宇宙学方程式的解。它们取代了早期基于静态宇宙假设而得到的解，现在这些解被视作广义相对论中的特殊情况。

然而，发生星云红移的尺度规模是非常大的，这在我们的经验中是前所未有的，根据经验将它们临时解释为我们所熟悉的相对速度产生的变化是十分合适的。

至少在理论上，关键性的测试是有可能的，因为在相同距离下，快速后退的星云应该比静止的星云显得更暗弱。在星云速度达到与光速大致相当的程度之前，退行的影响并不明显。在接近100英寸反射望远镜的极限附近，这个条件会得到满足，因此这一效应将是可测量的。

这个问题将在最后一章中得到更全面的讨论。必要的研究充满了困难和不确定性，而且根据现有数据得出的结论也相当可疑。这里提到它们是为了强调这样一个事实，即对红移的阐释至少部分地在实证研究的范围内了。因此，观测者的态度与理论研究者的态度略有不同。由于望远镜资源尚未耗尽，因此可能会暂停判断，直到从观测中确认红移是否确实代表星云的运动为止。

与此同时，为了方便起见，红移可以用速度范围来表示。无论最终的结果如何，它们都表现得与相对速度导致的变化相同，而且可以在熟悉的尺度上得到非常简洁的描述。术语"视速度"可以在经过谨慎考虑的论述中使用，并且在一般用法中所省略的地方总是暗示了此形容词。

第六章
本星系群

前面的章节已经描述了星云及其分布的典型特征，以及用于研究其内在特征的方法的进展。余下的章节将介绍应用这些方法后得出的一些结果，首先是距离我们最近的一组星云群，然后是分布在全体视场中的较远星云，最后是整个星云世界。

视大小将不再是主要关注点，除非它们影响了绝对大小。一般来说，线性距离用光年（l.y.）表示，光度用绝对星等（M）表示。需要重复说明的是，绝对星等仅仅是天体在某个标准距离 10 秒差距或 32.6 光年处所表现出的视星等。当太阳在这个距离处，刚好可以用裸眼很舒适地看到，这样的照相光度为 $M = +5.6$。超巨星将与金星相媲美，其中最亮的超巨星在大白天也可以很容易被看见。最暗弱的星云会比满月暗一些，而最亮的星云可能比月球亮 100 倍。

本星系群的成员

对天空的巡测表明，星云是独自散布的，并且属于各自大小不一的群，有时甚至是大星团。小尺度的分布类似于恒星系统中的恒星。在星云中很容易找到与单星、双星、三合星、聚星、稀疏星团和疏散星团相似的天体。仅有的球状星团在星云世界中似乎没有对应物。

银河系是一个典型的小型星云群的成员之一，该星云群孤立分布在全体视场中。

"本星系群"的已知成员是银河系及其两个作为其伴星的麦哲伦云，M31 与其伴星 M32 和 NGC205，M33、NGC6822 和 IC613（"本星系群"的 8 个成员。大麦哲伦、小麦哲伦、M31、M32、NGC205、M33、NGC6822 和 IC613）。NGC6946、IC10 和 IC342 这三个星云可能是其成员，但它们被严重遮挡，以至于它们的距离无法被确定。

本星系群的已知成员相当容易被观测，甚至在最遥远的成员中也观察到了造父变星，并且对恒星的组成也进行了相当详细的研究。这些邻近的系统提供了一小部分的星云样本，并从中制定出了探索更遥远太空区域的标尺。

即使是全体视场中较近的星云也远远超出了该星系群的范围。对它们恒星组成的研究是非常困难的，以至于仅收集到了很少的准确信息。目前还没有发现造父变星，距离是根据本星云群的较低精度标尺来估计得出的。实际上，银河系是一个星系团的成员之一是一件非常幸运的偶然事件。从全体视场中收集星云样本的工作有可能会延迟，直到建造出比目前正在运行的望远镜大得多的望远镜。

　　本星系群包含两个三重星云。银河系和 M31 各自都有一对伴星云，它们距离很近，以至于它们的最外层可能与主星云的外层区域混合在了一起。直到近期，人们才充分认识到这些云雾状天体的河外特征。由于它们的近距离和不寻常的类型，它们是高度分解的不规则星云，人们倾向于认为这些云雾状天体可能是银河系的局部凝聚。虽然它们确实是最接近且易于研究的星云，但从某种意义上来说忽略了它们，而对银河系外空间的第一次明确征服是在更为遥远的星系中实现的。

　　已知的和潜在的本星系群成员，以及它们某些显著的特征和固有大小如表 5 所示。已知的成员分布在一个椭圆形的空间中，其最长的直径约为 100 万光年。潜在成员的距离是不确定的，但它们可以被放置在同一个椭球体中，或者在一个稍微大一点的椭球体中，而不会过度影响观测数据。

　　银河系朝向本星系群的一端充分延伸。椭球形的长轴大致向 M31 的方向延伸。虽然数据太少，还不能做出精确的表述，但可以暂时采用轴的银河系坐标为 $\lambda = 80° \sim 90°$，$\beta = -25°$。除了麦哲伦云和 NGC6822（图 10）外，已知的和潜在的星系群成员都在此轴的 40° 范围以内，这一事实反映出银河系的偏心位置。由于前者是银河系本身的伴星云，而后者是最近的独立成员，因此在名录上其方向的重要性排在了最后。

　　这些星云作为一个整体更倾向于南部低纬度的位置。在 $\beta = -60°$ 处的 IC1613 代表一个方向上的极限，而潜在成员 IC342 和 NGC6946 都在 $\beta = +11°$ 处，表示另一个方向上的极限。这种分布对星云研究来说有些棘手，因为大多数星云集中在低纬度从而导致了明显的银河系遮蔽效应。因此，误差就被引入星云的研究中，为了进一步探索，必须用这些星云来校准方法。遮光效应在三个潜在成员的案例中尤其严重，这使得它们的距离和它们是哪个星云群的成员都是不确定的。其他成员可能完全被遮挡在银河系中巨大的云雾状天体后面，特别是在银心的广泛方向上，那里隐带的范围很广。此外，北半球的大反射望远镜无法观测到银经200°～300°的低纬度星云。人们对它们的恒星组成和光谱知之甚少。其中的一些，例如 NGC4945 和 5128，必须经过仔细研究才能确切地将它们排除在潜在成员的名录之外。

表5　本星系群成员

单位：1000 光年

星云	类型	黄经（λ）	黄纬（β）	距离	直径 *	绝对星等 M（星云）	绝对星等 M（恒星）**	速度 ***
LMC	Irr	247°	−33°	85	12	−15.9	−7.1	0
SMC	Irr	269	−45	95	6	14.5	5.8	＋60
M31	S_b				40	17.5	6.0	−30
M32	E2	89	−21	680	0.8	12.6		
NGC205	$E5_p$				1.6	11.5		
M33	S_c	103	−31	720	12	14.9	6.3	−180
NGC6822	Irr	354	−20	530	3.2	11.0	5.6	−30
IC1613	Irr	99	−60	900	4.4	−11.2	5.8	

（续表）

星云	类型	黄经 (λ)	黄纬 (β)	距离	直径 *	绝对星等 M （星云）	绝对星等 M （恒星）**	速度 ***
平均						−13.6	−6.1	
可能的成员								
IC10	S_c ?	87	−3					
IC342	S_c	106	+11					+150
NGC6946	S_c	64	+11					+110

* 直径所指为星云的主体部分。

** 绝对星等 M（恒星）指的是每个星云中三或四个最亮的非变星的平均值。

*** 视向速度根据太阳绕银河系中心的转动做了改正。因此，速度代表的是星云相对于银河系的个体运动（本动）及距离效应共同的结果。

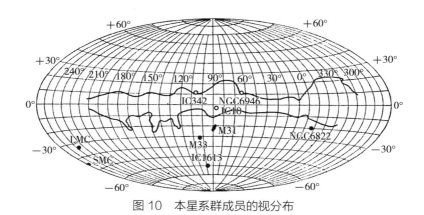

图 10　本星系群成员的视分布

位置是用银河系坐标绘制的。中间的水平线 0°～0° 代表银道面，沿银道面分布的是不规则的隐区（图 3）。实心圆表示本星系群的已知成员，圆圈表示的是潜在的成员。潜在成员的遮光效应是很明显的，特别是 IC10 的个案中。

　　这个群包含了几种不同类型的样本。其中没有棒旋星云和早型正常旋涡星云，但包含了椭圆星云、过渡类型星云和晚型正常旋涡星云与不规则星云。不规则星云虽然在全体视场中相对罕见，但有四个具有代表性的成员。大麦哲伦云是一个巨星云，而小麦哲伦云则大致为正常星云。剩下的两个不规则星云 NGC6822 和 IC1613，是所有已知光度的星云中本征光度最暗弱的。在这个视图中所代表的范围规模很广，就此而言该集合为研究不规则星云作为独立类别的普遍特征提供了一个机会。

　　对本星系群进行研究有两个目的。首先，为了确定其内部结构和恒星组成，把它们作为离我们最近和最容易得到的研究样本，我们对这些成员星云进行了单独的研究。具有重要意义的数据是形状和结构模式、光度、尺寸及质量，特别是它们所包含的恒星类型和光度。其次，这个星系群可以作为一组星云的样本来研究，从中可以推导出进一步探索的标尺。

银河系

　　银河系统是由一群高度扁平的恒星、尘埃和气体组成的，围绕垂直于银道面的轴快速旋转。太阳是一颗几乎在银道平面上的恒星，但距离自转中心很远，可能有 30 000 光年。形状和结构的细节很难确定，部分原因是观测者的自身位置，但更主要的原因是由尘埃所产生的遮蔽。然而，通过结合事实、类比和推测，是有可能构建一个合理可行的假设的。

　　巨大并且引人注目的尘埃云是不透明的，遮蔽了银河系大片区域的视野。银心（差不多是星云的核心区域）是完全被遮蔽的。在银河系中，大部分明显的不规则现象都是由尘埃云造成的，因为它将正常区域的规则边缘构建成模糊的边界。然而，当完全考虑到遮光效应的影响时，仍然存在着高密度的局部区域，这些区域被称为恒星云。这些恒星云连同其他的星团证据，在恒星分布中产生了一定的斑块状特征，这表明了疏散旋涡星云或不规则星云（如麦哲伦云）中可被观测到的结构。因为银河系的快速自转意味着形状上的对称，这是不规则星云中所没有的，因此以旋涡星云做类比更可取。最后，银河系非常暗淡的表面亮度（当从很远的地方观测），分解的程度，以及蓝巨星和发射星云气的普遍存在，都表明这个旋涡星云属于晚型 S_c 星云。它可能与"大质量"旋涡星云 M33 相似。

据推测，恒星密度从核区向外逐渐减小，直至模糊的边界。除非指定了特定的密度，否则对尺寸的估算都是随意的。对于远在太空中的观测者来说，银河系的视亮度在距离核区 4 万光年的地方可能并不明显，尽管在更远的地方也可以探测到单个巨星和星团。可以将其主体部分描绘成一个透镜状的天体，直径可能是 7 万到 8 万光年，中心的厚度可能是 1 万光年。这个主体由一种非常稀薄的介质组成，其中散布着恒星，在这个介质中，模糊的旋臂从核区向外缠绕。在模糊的旋臂上发现了恒星云，而遮掩云散布在整个基面上。

银河系的自转是根据太阳相对于其他恒星的运动决定的，这些恒星有些离核区近一些，有些离核区远一些。在银心（银河系自转轴与银道面的交点）到太阳的距离上，它的自转周期大约是 2.2 亿年。这个周期代表着银河系的总质量大约是太阳质量的 2000 亿倍。

照片上最亮的恒星是蓝巨星（O 型星）。其他类型所遵循的规则与在邻近系统中观测到的大致相同。造父变星在最亮的四到五个星等中非常显眼。

新星以每年几颗的速度爆发。发射星云状物质的斑块（猎户座星云等）和球状星团是明显的特征。

麦哲伦云

麦哲伦云由于其地理位置邻近，为详细研究星云的恒星系统提供了绝佳的契机。它们是南方的天体（纬度分别为 − 69° 和 − 73°），因此，大型反射望远镜尚未分析过它们。在利克天文台的南站测定了麦哲伦云中大量发射星云状物质斑片的视向速度。除此之外，目前的大部分数据都是由哈佛大学天文台南方站的一台 24 英寸相机提供的。有了这台相机，麦哲伦云中所有比绝对星等 0 更亮的天体，也就是比太阳亮 100 倍的物体都能很容易观测到。从麦哲伦云中获取的信息比从天空中任何其他星云中获得的信息都详细。

如前所述，这两个星系都是典型的高度分解的不规则星云，没有星云核和自转对称的明确证据。在可观测的极限内，恒星组成与银河系非常相似。相对的，相应天体的相对视光度提供了大量独立的距离估算。当然通过造父变星可以得到最精确的距离，但其他标尺对于确认量级和验证结果的普遍一致性也是有价值的。

人类用肉眼可以很轻松地看到麦哲伦云。它们的照相视星等约为 1.2 和 2.8。根据沙普利的计算，根据造父变星算出的星云距离大约是 85 000 光年和 95 000 光年，大麦哲伦云更近一些。由于它们在天空中相距大约 23°，因此它们的绝对间距大约是它们与地球平均距离的 0.4 倍，也就可能是 35 000 光年。

位于纬度 − 33° 的大麦哲伦云比纬度 − 45° 的小麦哲伦云受到银河系掩星的影响更严重。这种 0.1 星等的差效应该会使大麦哲伦云的相对距离减少大约 5%。小麦哲伦云的实际距离可能也需要修正，但光度测定数据的误差可能与遮光效应相当，目前可以忽略不计后者。

与沙普利得出的距离相对应的总绝对星等分别为：大麦哲伦云（简称"大麦云"）− 15.9 等，小麦哲伦云（简称"小麦云"）− 14.5 等，分别是太阳光度的 4 亿倍和 1 亿倍。这些星云的主体部分大致呈圆形，直径约为 11 000 光年和 6000 光年。每个星云都包含一个细长的中央核，其大小大约是直径的 1/2 乘以 1/4。可以在主体部分之外的位置发现单个天体，例如变星和星团。如前所述，在后期主体部分一词是指在曝光良好的照片上容易看到的区域。除非明确规定了密度极限，否则直径没有精确的意义。

大小麦哲伦云的速度分别为 ＋276 千米/秒和 ＋168 千米/秒，分别根据发射星云状物质的斑块推得。在很大程度上认为是太阳运动反映了其速度，因此，星云在视线方向上的本动是非常小的。

每个星云中都曾记录过一颗新星。估算的最大值 M 约为 − 5 或 − 6，因此这些天体与 M31、M33 及银河系中发现的正常新星相似。

在这两个星云中已发现超过 3000 颗变星，而被报道出来的名录并不完整。大部分的变星都可能是造父变星，尽管已经发表的详细研究报告仅显示在小麦云中有大约 200 颗，在大麦云中大约有 40 颗。前述名录建立了当前形式的周光关系。值得一提的是，这个名录包括了莱维特（Leavitt）在她最初的关系公式中使用的相对较少的几颗造父变星。

偶尔会提及长周期变星、不规则变星和食变双星，但数据的分析并不完整，而且相对频数仍不确定。所有变星中最亮的是不规则变星剑鱼座 S，它是一颗天鹅 P 型星，其属于编号为 NGC2070 的巨大弥漫星云状物质。这团星云状物质包含在大麦云中，其分布区域的直径约为 200 光年。星表中剑鱼座 S 的平均本征光度约为 $M = -8.3$，这是所有单个恒星中最亮的光度，它大约是太阳光度的 35 万倍。

大麦云中包含异常丰富的超巨星。非变星的光度范围可能高达 $M = -7.2$，而在小麦云中约为 $M = -6.0$。除此之外，不同光度的恒星的相对频数与在银河系中发现的大致相同。

在这两个星云中都有大量的疏散星团和发射星云状斑块。在大麦云中已知的球状星团有 30 多个，而在小麦云中只发现了少数几个。这些星团的估算星等不时地被加以修订。最近的估算，虽然承认了不确定性，但也表明这些星团与 M31 中的类似天体非常接近，但系统而言要比银河系中的球状星团更暗淡。

M31

仙女座中的大旋涡星云 M31，用裸眼观看也相当明显，它是一团细长的云雾状天体，约有满月的一半大小，大约相当于四等或五等星的亮度。尽管用小型相机很容易拍摄到它，但从未用任何望远镜观测过它的旋涡结构。

该星云是一个典型的 S_b 型旋涡星云，具有相对较大的未分解核区（裸眼可见的部分）和较为暗弱的旋臂。外侧部分可以被清晰地分解为恒星。其中发现了大量的新星、造父变星、早型巨星和球状星团，其相对光度与麦哲伦云中类似天体大致相同。已经详细研究了其中的 40 颗造父变星，它们提供了相当可靠的距离，并且其他类型的天体也证实了其距离量级。

此旋涡星云中的造父变星总体上比小麦云（标准系统）中的造父变星暗了大约 4.65 星等。这部分差异必须归因于银河系遮光导致的偏差，因为 M31 距离银道面只有 21°，而小麦云则为 45°。适当的校正将相对距离引起的星等差异减少到约 4.3 星等。因此，此旋涡星云的距离大约是小麦哲伦云的 7.25 倍，即大约 680 000 光年（210 000 秒差距）。

此旋涡星云具有常见的透镜形状，其长短轴比可能为 6 : 1 或 7 : 1，但由于其方向使得投影图像中的长短轴比约为 3 : 1 或 4 : 1。明亮核区的长直径约为 3000 光年。旋臂的直径可以很轻易地追溯到 40 000 光年。通过改良后的精细方法可以观测到更暗弱的延伸，球状星团分布在这片宽广的区域上，这可能导致旋臂的直径翻倍。因此，尽管 M31 是一种更紧凑的星云类型，但其尺寸似乎与银河系具有相同的基本量级。

绝对光度的估算相当粗略，大约为 $M = -17.5$（是太阳亮度的 17 亿倍）。由核区自转（谱线倾斜度）得出的质量可能是太阳质量的 300 亿倍。

已观测到的一颗超新星是仙女座 S（1885），它的最大绝对光度约为 $M = -14.5$（太阳的 1 亿倍），这比大多数星云都亮。正常新星爆发的频率为每年 25 或 30 次（已记录到的频率为 115 次）。光变曲线、光度和光谱都与银河系的新星相似。绝对星等的最大值中心对称分布在平均值 $M = -5.5$ 周围，离散度约为 0.5 星等。已观测到的极亮时最大值 $M = -6.7$，大约是太阳亮度的 85 000 倍。

最亮的变星也达到了同样的极限，这是一颗具有不规则光变曲线的早型恒星，但有一些迹象表明其周期为 5 年。还有其他 6 颗已知的不规则星体，其中一颗是红色的，可以与银河系的恒星参宿四相媲美。造父变星的最大光度范围在 $M = -4.1 \sim -2.7$，这具体取决于其周期。亮于 $M = -5$ 的非变星并不多，上限似乎接近于 $M = -6$。

一个被编录为独立星云的天体 NGC206，实际上是位于 M31 外部区域的一个典型恒星云。这个恒星云的尺寸约为 1300 光年 × 450 光年。大约有 90 颗恒星的亮度高于 $M = -3.5$，并且数量随着暗弱程度的增加而稳定增加，直到单个天体消失在无法分解的背景之中。尽管它们的精确分类尚未确定，但那些较亮的恒星都是早型恒星。在这个星云中和旋涡内的其他地方都没有发现发射星云状物质斑块。

少数疏散星团是已知的。在核区的西南方向约 48′ 处发现了一个典型的沿着长轴的例子。它具有明显可见的细长形状，长直径约为 50 光年。该星团已局部分解，并且可以在边界上观测到少数单独的恒星。光谱为 A 型，其色指数远低于球状星团。

图版九　M31

　　该图版是由 100 英寸反射望远镜拍摄的三个图版合成的，在牛顿焦点处采用了罗斯无光焦度校正透镜（图版由邓肯于 1933 年 8 月 19 日和 20 日拍摄）。这个大旋涡星云的核区域尚未分解，尽管新星在该区域频繁爆发，但恒星太暗弱了，难以单独记录。可以清晰地分解外旋臂并详细地研究明亮的巨星。右侧靠下部分（核区西南面）曾在图版五中展示过，这里以较大的比例得以呈现，并且可以分解得非常清晰。

　　M32 出现在核区的正下方（南面），位于旋臂的边缘，是旋涡星云中更亮且更近的伴星云，此图版上最亮星位于图版的下方和 M32 的右侧。更暗弱且距离更远的伴星云 NGC205，位于中央图版的右上角（旋涡星云核区的西南方向）。

　　图版呈现了此旋涡星云的绝大部分主体，可以用测微光度计追溯到较暗弱的延伸部分，其直径至少是主体直径的两倍。在 100 英寸反射望远镜的牛顿焦点处，主体部分的图像大约有 2 英尺长，在卡塞格伦焦点处大约 6 英尺长。

　　已知的球状星团大约有 140 个，但这个名录对于星云最外层的区域来说仍然不完整。它们的形状、结构、颜色和光谱均与银河系中的球状星团相似。光度范围为 $M = -7 \sim -4$，直径范围为 12 ~ 50 光年。因此，M31 中的星团与麦哲伦云中的星团相当，而比银河系中的星团更小也更暗弱。

　　星团的分布遵循旋涡星云中的光度分布，而且绝对不是银河系中的球状分布。因为可以在一定程度上将这些星团与 M31 常规区域中的众多暗弱星云区分开来，所以可以用来定义旋涡星云主体部分之外的最大延伸范围。星团的分布表明这个旋涡星云的最大直径约为 100 000 光年。对星团的搜寻还展示出通过非常暗弱的场星云在接近核区时逐渐消失的变化方式来确定 M31 的不透明度的可行性。但这些数据仍不完整，尚无法得出明确的结果。

M32

M32 是 M31 的两颗伴星中距离较近且较亮的一颗，是 E2 型椭圆星云（轴比为 8∶10）的典型例子。从投影图中可以看出，它叠在这个大旋涡星云的一个旋臂上，位于核区以南约 25′ 处。因此，两个星云（核到核之间）的最小间距可能是 5000 光年。如果 M32 位于这个旋涡星云平面上的话，则间距为 12 000 光年。尽管 M32 可能位于相当宽的视线范围内的任何位置，但推测中更可能使用较大的距离。

这个星云的聚集度很高，光度从核心处到模糊的边界迅速减弱。等光度线（相等光度的轮廓线）近似椭圆形。只要延长曝光时间，星云的直径及总光度就会随着曝光时间的增加而增加。已记录的最大长直径约为 8′.5，即 1700 光年，得到编目的值在由此向下至约 2′ 的范围内变动。如此巨大的变化范围强调了在使用直径或光度而不指定它们的引用条件时所产生的困难。

M32 的绝对光度约为 $M = -12.6$（太阳的 2000 万倍），长直径约为 4′ 也就是 800 光年。将外部的星云状物质包含在内并不会极大地改变该值。

当星云核的定义为可以在照片图版上识别的最小轮廓图像时，它看起来像一个直径约 2″ 的半恒星圆面。视星等约为 $M = 13.4$，比 M31 中的对应图像亮得多。在照相方法所能达到的极限之下，可以通过可视的方式进行更进一步的分析。辛克莱·史密斯（Sinclair Smith）在 100 英寸反射望远镜上增加了一个干涉仪，并用它研究了 M32 的核区，没有发现任何条纹，并得出其中没有任何恒星中心核的结论。在临界条件下，他能够看到直径约为 0″.8 或 2 光年的稳定核图像，从该图像中可以看到云雾状天体由此向各个方向逐渐消失。

M32 的光谱类型为 dG3，有明显的矮星云特征。颜色分类为巨星尺度的 g8 型。这两种特性都不随着与核区的距离变化而发生变化。未探测到极化现象。

图版九的图像结构质地纹理平滑且无特征。不存在丝毫的分解迹象，因此肯定不存在比 $M = -2$ 更亮的恒星。M32 作为恒星系统的概念与当前的其他结构理论相比，表现出的严重矛盾处较少，但它不能解释存在大量色余的原因（颜色分类和光谱型之间的差异）。这种现象通常是椭圆星云的一个典型特征。

NGC205

NGC205 是 M31 较暗弱的伴星云，是一个分类为 E5ₚ 的不规则椭圆星云。从投影图中可以看出，它位于 M31 核区的西北大约 37′靠近旋涡星云的短轴处。因此，最小间距为 7500 光年。视线方向上的精确位置虽然是未知的，但为了便于推测，可以假设它位于旋涡星云的平面上。在这种情况下，间距约为 30 000 光年。

它的核类似于 M32，但要暗淡得多，并且嵌入在相对较暗弱的星云状物质中。光度向未明确的边界逐渐降低，等光度线近似

椭圆，长短轴的比例约为 5：10。星云中比较显眼的部分大约是
8′×4′（1600 光年 × 800 光年）。在一张适度曝光的照片上测量
到的长直径为 12′（2400 光年），更长的曝光毫无疑问可以得到
更大的星云尺寸。总光度粗略地估计为 $M = -11.5$（太阳的 700
万倍），因此该星云是一个非常暗弱的矮星云。

　　核附近的区域表现出某种结构，这明显是由许多小而轮廓相
当清晰的遮光造成的。非常暗弱的恒星数量比预期的前景星数量
要多，其中一些可能与星云有关。一些球状星团也集中在该天区
内，它们很可能与 NGC205 有关，而不是与 M31 有关。这些不同
的特征再加上极低的光度梯度如此独特，以至于该星云被归类为
罕见星云。早型光谱型为 F5 也同样不寻常。

　　这个三重系统的组成部分（M31、M32 和 NGC205）的视向速
度具有相同的量级，并且认为这在很大程度上是太阳运动的反映。
NGC205 的速度与 M31 的速度一致，但与 M32 的速度相差约 35 千
米 / 秒。后者的差异虽然小，但由于它是从大尺度光谱中得出的，
因此它可能是真实存在的。它表明存在伴星云（M32）围绕主卫
星（M31）进行轨道运动的可能性。如果 NGC205 在旋涡星云平面
上围绕 M31 旋转，则不会显示出任何视向运动的分量。它位于旋
涡星云投影图像的短轴附近，其轨道运动将完全穿过视线。

　　如果 M32 位于此旋涡星云平面内且距离星云核 12 000 光年
的话，则其轨道运动的速度约为 105 千米 / 秒。与速度相对应的
M31 质量约为太阳的 10^{10} 倍，这个值并非不合理。然而，正如
M31 的视向速度所示，伴星云 M32 的运动方向与旋臂中物质的运

动方向相反，这种矛盾看来值得认真思考，这对于假设 M32 在旋涡星云平面内旋转或现在位于该平面内来说都可能是致命的。尽管如此，此三重系统的动力学问题仍处于推测阶段，在进一步进行精确的讨论前，必须收集大量的额外信息。

M33

M33 是一个大质量 S_c 型旋涡星云，呈倾斜状，使得投影图像中的长短轴比约为 2:3。主体部分的长直径约为 1°（12 000 光年），并且较暗弱的延伸部分是这个直径的两倍多。尽管没有发现任何分解的证据，星云核在外观上看起来像是一个巨大的球状星团。正如从大尺度光谱中所推得的，它呈现为半恒星状，$M = -8$，光谱类型为 F5，色余显著可测，视向速度为 -320 千米/秒，源自中等规模的光谱。

核区呈现出不可分解的星云状物质背景，其具有模糊的旋涡结构和大量的遮光斑块。恒星密集地分布在这一背景之上。随着与星云核的距离增加，未分解的星云状物质逐渐消失，而旋臂变得更加明显。这些旋臂很宽，可高度分解为恒星、星团和星云状物质。

根据 35 个造父变星所得出的距离为 720 000 光年（220 000 秒差距）。观测发现这些造父变星比 M31 中的造父变星亮 0.1 星等。这一差异最初仅归因于相对距离，认为 M33 比 M31 稍近导致的。现在这一顺序颠倒了，因为视光度的差异超过了相反方向上维持平衡的银河系遮光的差异，大约 0.2 星等。然而，遮光（纬度效应）是通过一种统计学方式确定的，这就有可能出现局

图版十　M33

　　该图版显示了使用 100 英寸反射望远镜拍摄的核心区域。该星云可能类似于银河系，但要小得多。

　　M33 是一种晚型旋涡星云，与过渡型旋涡星云 M31 及其椭圆伴星云（参见图版十）的距离大致相同（约为 700 000 光年）。通过对这些星云的比较，得到了一些关于恒星组成沿分类序列发生系统变化的详细信息。例如，与 M31 的分解不同，对 M33 的分解延伸到了核区内部。此外，M33 总光度相当大的一部分是由蓝色超巨星贡献的。M31 中相对应的占比要小得多，并且在椭圆星云中，没有发现这类恒星。此类数据正在缓慢积累着，但最终它们都有可能会为恒星和恒星系统的演化提供一些线索。

　　M33 的照片是 1935 年 11 月 30 日用 100 英寸反光望远镜拍摄的，页面顶部为南方，1mm ＝ 5″.5。

部变化，特别是在 M31 所在的银河系边缘附近。这种可能性会给相对距离带来了一些误差。也许除了两个旋涡星云的距离大致一样遥远（大约 700 000 光年的量级）这一评论外，可能没有更精确的结论了。鉴于它们在天空中的角间距很小，大约为 15°，因此它们的距离相等有着十分重要的意义。线性间距小于 200 000 光年，这在宇宙尺度上是一个相对较短的距离。

　　M33 相对于平均星云光度稍亮一些。总光度约为 $M ＝ -14.9$，即太阳光度的 1.6 亿倍。根据光谱自转显示，其质量可能约为 10 亿个太阳的数量级。

　　已记录到 6 颗看起来正常的新星。最亮的变星是不规则变星，并于 1925 年达到最大光度 $M ＝ -6.35$ 星等。它的光谱当时属于早型，具有暗弱的发射线，据推测可能是氢的巴耳末线。色指数小得可以忽略不计。

非变星的光度上限约为 $M = -6.4$。较亮的恒星是蓝色星，比造父变星更亮的有色恒星是非常罕见的。亮于 $M = -3$ 的恒星的相对频数与银河系中发现的相似。M33 中的一些小星团在外观和颜色上与 M31 中的球状星团相似，但整体上比 M31 中的球状星团暗一个星等或更多。因此，它们的真实性质有些可疑。

涉及蓝色恒星的发射星云状物质斑片数量众多，其中有几个被编目为独立星云。其中最显眼的是 NGC604，它稍显细长，直径约 230 光年。该光谱与银河系中的发射星云状物质的光谱非常相似，例如猎户座星云。NGC604 中包含一个小型星团，其由光度范围在 $M = -6.2 \sim -5$ 的 15 颗或 20 颗的最亮星组成。从光谱颜色和暗弱轮廓来看，这些恒星被粗略定义为 O 型和 B0 型。这样恒星的光度与星云状物质边界之间的关系与在银河系内所建立的普遍关系相一致。

NGC6822

NGC6822 是一个类似于麦哲伦云的不规则星云，但要更小且更暗弱。它靠近银河系（纬度为 $-20°$），大致位于银心方向（经度为 354°），那里巨大的遮掩云最为显眼。因此，对于银河系遮光的校正具有相当的不确定性。

根据 12 颗造父变星的视星等计算出的距离是小麦哲伦云距离的 6.7 倍，标准纬度校正将它的绝对距离减少到约 530 000 光年（164 000 秒差距）。此星云的主体部分为细长形，长短直径分

别为 3200 光年和 1600 光年（20′×10′）。有一个约 1250 光年 ×
470 光年（8′×3′）的中心核区，类似于麦哲伦云的核区。尚未
研究过其具有十分暗弱的延伸部分的可能性。该星云是一个非常
暗弱的矮星云，是已知最暗弱的矮星云之一，其绝对星等为 $M =$
-11（太阳光度的 500 万倍）。

　　尚未观测到任何新星。发现了几颗不规则变星，其中没有任
何一个比我们之前观测到的最亮的造父变星更亮。可能涉及一些
球状星团，但它们相对较暗弱，并且更类似 M33 中的星团而不是
M31 中的星团。有五个明显的发射星云状物质斑块，其中最大的
一个为环状，以一小群明亮的恒星为中心，直径大约 130 光年。
恒星光度的上限约为 $M = -5.6$，这个较低的值可能反映出了星
云中的恒星含量有限。从一片发射星云状物质推导出其视向速度
为 -150 千米/秒，与太阳运动所反映的速度十分吻合。

IC1613

　　IC1613 与 NGC6822 一样，是一个小型且暗弱的不规则星云。
其所在的高纬度 $-60°$ 使其免受当地掩星的严重影响，从而简
化了对光度数据的解释。发现该系统特征的巴德（Baade）已经
用 100 英寸反射望远镜对恒星组成进行了详尽的分析，不久之后
将会公布结果。他发现了许多变星，其中大部分是造父变星，其
距离约为 900 000 光年。主体部分大致呈圆形，直径约 4400 光年，
可能有太阳的 500 万倍那么亮。尽管星云状物质斑块并不明显，
其恒星组成却与 NGC6822 类似。

图版十一　IC1613

这个星云的形状是不规则的，类似于麦哲伦云，尽管它要小得多，也要暗弱得多（亮度大约是太阳光度的 500 万倍）。与大麦云相比，IC1613 大约暗了 75 倍，距离则为大麦云的 10.6 倍（距离约为 900 000 光年）；因此，它看起来比大麦云暗弱 8500 倍。

IC1613 是本星系群中已知距离最远的成员。由于它的银纬很高（$\beta = -60°$），因此前景星并不多。所以，区分恒星是否属于此星云是一个相对比较简单的问题。其恒星的组成与麦哲伦云相似。虽然发现了微小的差异，但可以解释为麦哲伦云提供了更大的恒星样本集合。

图版十一所示这张照片是由巴德在 1933 年 11 月 14 日用 100 英寸反射望远镜拍摄的，页面的顶部为东，1mm = 5″.9。

本星系群的潜在成员

已知前面描述的九个系统是本星系群的成员。另外三个星云，NGC6946、IC342 和 IC10 也可已视为潜在的成员。前两个是在银河系北边缘处发现的大型且暗弱的 S_c 型旋涡星云，均位于纬度 ＋11°。它们位于与银河系不透明云状物质相接壤的局部遮光带，除了正常的纬度效应外，它们还可能被严重遮蔽。总遮光度可能是在 1 ~ 3 星等之间，并且光度数据作为距离标尺相应地也很模糊。在这两个星云中都发现了恒星，它们都不是变化的，但它们只是确定了可能距离的上限。如果遮光量总计为 2 个或 3 个星等，则星云属于本星系群；如果遮光量总计为 1 个星等，那它们就不是本星系群的成员。

视向速度提供了额外的独立信息，但也是模糊不明的。

图版十二　NGC6946 和 IC342

这些大尺寸且暗弱的晚型旋涡星云是本星系群的潜在成员。在银河系附近（$\beta = +11°$）发现的它们，因此有许多的前景星（比较图版十一和图版十三，它们的银纬分别为 $\beta = -60°$ 和 $\beta = +75°$）。它们位于隐带的边缘（图 10），并且受到局部遮光的严重遮挡。由于遮光量的精确数量未知，因此，它的距离和在本星群中的成员身份是不确定的。

这两个星云都得到了局部分解，但存在一个例外，其中没有任何恒星类型被明确地识别出来。1917 年，在 NGC6946 中发现了一颗新星，这一发现开启了一系列的研究，并确定了星云的距离。

NGC6946 的照片是由赫马森在 1921 年 6 月 19 日和 20 日使用 100 英寸反射望远镜拍摄的，页面的顶部为南，$1mm = 6''.4$。IC342 的照片是在 1933 年 11 月 16 日用 60 英寸望远镜拍摄的，页面的顶部为西，$1mm = 12''.1$。

NGC6946 和 IC342 的速度根据太阳运动修正后分别是 ＋110 千米/秒和 ＋150 千米/秒。这些值表示的是本动和可能的距离效应的总和。这些数值都是未知的，通过适当的组合，星云可以随意放置在本星系群内或本星系群外。

第三个星云 IC10 是天空中最古怪的天体之一。利克天文台的梅奥尔（Mayall）是第一个引导人们注意到它特点的人。它完全位于银河系的边界内，纬度为 － 3°。它的经度为 87°，距银心约 122°。其显然有着分解迹象的河外星云的基本结构。这些照片所显示的内容很难被充分地解释，但它们显示了一个巨大的晚型旋涡星云的一部分在遮掩云间隐约可见。它的视向速度是未知的，它作为本星系群成员的可能性完全取决于在极低纬度地区预期会出现的过度遮光。在得到进一步的可用资料之前，不可能作出更明确的陈述了。

总结

群成员的绝对星等范围为 M ＝－ 17.5 ～ － 11，平均值为 － 13.6。这些值可以与后来在全体视场和星团中发现的进行比较，其范围大约为 － 16.8 ～ － 11.6，平均值大约为 － 14.2。这些细微的差异主要是由于本星系群存在三个非常暗弱的矮星云，分别是 IC1613、NGC6822 和 NGC205。这结果表明，在全体视场中，可能存在许多类似的矮星云，它们的亮度是如此的暗弱，以至于在全面巡测中会被遗漏。对这些巡测的一次重新仔细检视表明，如果它们的数量相当多，那么这类星云就会被检测到，而且它们会因此被视为相对稀有的天体。它们在本星系群中的存在似乎是该星系群一个独有的特征，并且它们削弱了其作为普遍星云的合宜样本的重要性。

在推导星云和恒星的绝对光度平均值时并没有考虑银河系。银河系是本星系群中的一个重要成员，其光度虽然未知，但可能与 M31 处于同一数量级。如果将这个假设值计入名录中，则星云的平均光度约为 － 14.0，并且小样本将与场星云和星团提供的较大样本的数值非常一致。恒星的平均光度的变化可能不会超过 0.1 星等。

在本星系群中确实观测到了一颗超新星，即在 1885 年 M31 中发现的超新星。几颗银河系新星中的任何一颗，尤其是在 1572 年肉眼可见的那颗新星，如果已知它们的距离，就都可能被归入超新星的分类等级。1917 年在潜在成员 NGC6946 中观测到的新星，可能就是一颗超新星，它是在极亮时刻之后经过了一段未知的时间才被发现的。

除了银河系，其他四个成员中都已观测到正常的新星，其中大小麦哲伦云中各一颗，M33 中有 6 颗，M31 中有 115 颗。这个巨型 S_b 型旋涡星云显然是一个受青睐的系统，而 S_c 旋涡星云比不规则星云更受青睐。银河系（可能是 S_c 星云）位于 M31 和 M33 之间。少量数据表明，正常新星的频数可能取决于星云的类型（系统内物质的聚集度），并且在某一给定类型的星云中，该频数将取决于总光度（恒星组成）。

在典型的椭圆星云 M32 中没有发现任何恒星，而稀有星系

NGC205 中恒星是否存在也是值得怀疑的。本星系群的所有其他成员都得到了清晰的分解。大麦哲伦云和 M31 中最亮的恒星是变星（不规则变星），但在其他已分解的成员中是非变星。大麦云似乎包含异常丰富的超巨星，甚至将变星排除在外之后也是如此。恒星光度的上限为 $M = -7.2$，这似乎明显是一个例外。其他成员的对应极限范围为 $-6.5 \sim -5.5$，平均值约为 -6.0。对这些数据的回顾，加上来自较近星云在全体视场中的一些额外数据，导致人们采用 $M = -6.1$ 来表示已分解星云中最亮恒星的绝对光度。在第七章中，将用这个量作为距离的标尺。

　　本星系群成员的视向速度在很大程度上解释为太阳运动的简单反映。残差表示本动和距离效应的组合，距离效应必然是正值。由于残差很小，平均值是一个很小的负量，因此距离效应一定很弱，抑或本动一定很大而且整个系统都是负值。后一种说法意味着本星系群正在收缩或者银河系正在接近中心，这似乎不符合观测到的较近场星云的速度。这些数据很少，它们的解释也不完全清楚，但它们提出了一个假设，即速度－距离关系在本星系群中是无效的，尽管它们仍没有证实这一点。

第七章
全体视场

距离标尺

本星系群是星云的样本集合，其距离的推测方式与在银河系内巡测所用的方法相似。这个样本虽小，但是非常受欢迎，它几乎是与全体视场中星云的必要连接纽带。在已经分解的邻近场星云中仍然可以看到本星系群成员中最亮的一类天体。这些最亮的天体提供了一个共同点，可以通过它来比较两组星云。通过比较表明，已分解的场星云在一般情况下与本星系群中的已分解星云相似。这个结论具有必不可少的重要意义。

此共同点是"最亮星"，其定义为某一星云中三或四颗最亮的单个恒星的平均值。这些"最亮星"虽然并不是完全相等，但在所有已分解的星云中具有相同量级的本征光度。平均光度主要由本星系群成员确定，其中与造父变星的距离是已知的。一旦标尺建立起来，最亮星就可以指出全体视场中所有已分解星云的距离。然而，尽管距离平均值是可靠的，但是统计学意义上的值在个别情况下可能会受误差影响。

最亮星可能会被用来探索全体视场的内边缘，就像通过造父变星来探索本星系群一样。一些较明显的场星云可能会得到更详细的描述，就像第六章中处理邻近系统一样。但是，出于广泛探索的目的，该标尺也以另一种方式得到了使用。已知的分解后场星云大约有 125 个，如此多的数量足以构成一个普遍意义上的晚型星云的合宜样本。这批已分解星云的样本集合作为一个群体，可用于校准新的距离标尺，也就是星云自身的本征光度，它适用于所有星云，无论其星云类型或是视暗弱度如何。

新标尺的应用领域是星云世界，即整个可观测的空间区域。该标尺仍然是统计学的，但现在离差很大。至关重要的是，校准不仅应包括星云的平均光度，还应包括个别光度之中的离散。这些必要的数据包含在光度函数中，如前所述，它是指在给定的空间体积内星云之间绝对星等的频数分布的专业术语。光度函数的特征是（a）频数曲线的形状，（b）平均星等或最常见的星等，以及（c）离差。当这些均已知时，该函数就可以得到完整的描述。

频数曲线的形状及离差是根据各种数据集中的视星等确定的，这些结果相当一致。正如预期，此曲线近似正态误差分布曲线，并且离差略小于一个星等。所谓的平均绝对星等值 M_0 可以从距离已知的星云中推得。本星系群的成员对于达到此目的来说太少了，M_0 的确定性主要取决于全体视场中已分解星云的样本。

距离标尺的逐步发展虽然是不可避免的，但仍然令人印象深刻。探索领域逐步扩大。每个标尺都提供了一个用于校准新标尺的天体样本集合，虽然精度较低，但延伸到了更远的距离。首先是太阳系内的太阳距离，这是一个天文单位。接下来是恒星系统内的恒星视差、恒星运动、分光视差和造父变星。然后这把标尺提供了与河外区域的联系。它引向了星云中最亮星、星云光度及最后我们将看到的星团中最亮的星云。

太阳光大约需要 8 分钟（更精确地说是 500 秒）到达地球；从已测量的最远星团出发，这一旅程需要 2.4 亿年。倍增因数约为 1.5×10^{13}，然而已经知道了星团的距离，其误差可能不超过 15%。这种比较强调了在星云世界中所遇到的高度一致性。只有当统计方法被应用于大量具有可比性的数据时，这一精确性才是可预期的。

最亮星

对全体视场的研究始于对本星系群成员和邻近场星云之间的比较。本星系群成员中可以识别到的最亮天体绝对不是造父变星。它们被某些类型的不规则变星、正常新星、最亮星、球状星团、疏散星团和发射星云状物质斑片所超越。随着距离的增加，这些天体会逐渐变暗，而实际观测上确实呈现了一系列以预期序列排列的星云。最终，当望远镜观测不到恒星组成的最后一个细节时，剩下的就只有星云的总光度和光谱中的红移作为可能的距离标尺了。

这一说法中唯一的例外是极其罕见的超新星，它们在任何一个星云中出现的平均间隔为 500 ～ 1000 年。从现有的极少量数据来看，通常认为它们在极亮时刻达到了相当均匀的本征光度，与星云本身的平均光度相当。超新星可以在很远的距离外被探测到，从原理上来说，它们是与星云总光度标尺一样可靠的距离标尺。然而实际上，极亮时刻很少被观测到，而新星本身也非常罕见，以至于它们对当前问题的贡献很小。

在三四个最近的场星云中已经发现了一些不规则变星和正常新星，但数量仍不足以提供非常精确的距离。疏散星团和发射星云状物质斑片更为常见，但它们很难被确切地识别，而且它们的群体特征还没有被充分了解，无法让人们对其作为标尺的有效性具有信心。目前的问题似乎是根据其他独立方法得出的距离来确定其群体特征。

球状星团也存在有待研究的异常现象。恒星可以很容易地与视星等低至 19 等的典型星团区分开来，在最佳条件下，甚至可以低至 19.5 等。对星云的巡测发现，其中有比这些极限星等更亮的恒星，这表明球状星团如果普遍存在，那么不同系统间的差异一定也很大。某一系统中最亮的星团很少能超过最亮星，即使如此，差异也很小。在照相图版的极限附近，偶尔一见的星团可能会被误认为是最亮星，但从大量数据中得出平均结果时，这种混淆的影响并不严重。

因此，最亮星似乎是星云的恒星组成中随着距离的增加而逐渐变暗的最后一个有用的标尺。通常认为这些恒星在所有已分解的星云中的亮度大致相同。这一假设得到两个论点的支持，一个是理论上的，另一个是经验上的。正如爱丁顿表明的那样，在理论上可以假设正常恒星所能达到的光度存在一个相当明确的上

限。如果存在这样的限制，那么包含数百万颗恒星的任何正常样
本集合中的某些天体可能会接近这一上限。星云或者至少是晚型
旋涡星云，代表了一批包含有必要类型的普遍样本，因此每个集
合都应包含一些接近这一上限的恒星。

　　但抛开理论不谈，作为一个经验事实，我们发现最亮星在那
些根据其他标尺推得距离的已分解星云中都大致相同。这样的星
云并不多。该名录包括了银河系、本星系群的 6 个成员和全体视
场中最近的 3 个星云。"最亮星"一词被随意定义为星云中 3 颗
或 4 颗最亮恒星的平均值。一般来说，这些恒星的亮度大致相同，
因此使用几颗恒星只会减少特殊情况或错误识别的影响，而不会
严重限制该标尺的应用。从这个意义上说，这 10 个星云中最亮
星的光度范围大约为 2 个星等。10 个星云的光度平均值，以及亮
度离散的离差 σ 可以表示为：

$$M_{\mathrm{s}} = -6.1$$
$$\sigma = 0.41$$

因此，最亮星平均比太阳亮 48 000 倍。

　　这些数值表示了测量已分解星云距离的尺度。该标尺是根据
非常少量的数据推得的，当获得了更多场星云的准确距离时，这
个标尺将会被修正。随着时间的推移，通过 100 英寸反射望远镜
可能会确定少数问题，但目前正在建造的 200 英寸反射望远镜可
以在被应用于解决该问题之前，预计不会有重大突破。

　　前面已经提到过，不同星云中的最亮星的光度并不相同。除
非从其他途径已知了距离，否则无法区分异常明亮和异常暗弱的

恒星。在大的星云群中，特殊情况往往会相互抵消，但对于个别星云来说必然存在某种误差，因为最亮星可能是正常的，也可能是异常的。当离差的数值已知时，可以计算出单个星云或任意大小的星云群的误差。

　　这种距离标尺的离差引入了统计学研究中的选择效应。当由最亮星来提供标尺时，这个效应的影响很小，但之后采用星云本身的总光度时，它就变得很重要，并将被更详细地讨论。同时需要说明但不做深入解释的是，当根据最亮星的视星等选中星云时，这些最亮星的平均绝对星等并不是以这一标度推导出来的，即 $M_s = -6.1$，而是亮度增加了 $1.382\sigma^2$ 倍，其中 σ 是离差。因此，在观测已分解星云时，必须以 $\overline{M_s} = -6.35$ 作为统计学距离的标尺，相应的光度约为太阳的 60 000 倍。

最亮星标尺中的误差

　　由于最亮星标尺的重要意义，在实际应用于全体视场之前，将对其误差和局限性进行审查。恒星只能在某些类型的星云中观察到，即过渡型、晚型旋涡星云和不规则星云。在这些星云中，恒星光度的上限似乎是随类型变化而发生系统性变化。这种变化尚未得到精确测定，但已知的是变化很小。然而，由于绝大多数可以检测到恒星的星云都是类型 S_c，那么这种变化将会影响统计研究中残差的离差，而不是平均结果。

　　有人可能会提出反对意见，认为被识别为单个恒星的图像可能代表的是星群或星团。这种评论似乎有理论根据，因为在大体积空间所包含的天体中，无法区分遥远的星云与单个恒星。然而，对银河系中从很远的地方出现的星群和星团的研究表明，对最亮星进行区分时的误差并不会很严重，对本星系群成员中的星团进行的类似研究证实了这一结论。这些邻近的星云尤为重要。造父变星显然是单星，被选为最亮星的天体比造父变星更亮，其比例与银河系中相应的天体之间的比例大致相同。因此，在本星系群成员中被选为最亮星的天体很可能实际上是单个恒星。正如稍后将阐述的，星云和其最亮星的相对光度与本星系群和场星云中几乎相同。因此，场星云中的最亮星也可能是单个恒星。

此外，无论其真实性质如何，被选为最亮星的天体似乎完全地代表了相似的天体。它们在同质材料（可比较照片）的检视中被选中，相对于它们所在的星云，光度不会随着视暗弱度而发生系统性变化。这种均质性的证据很重要，因为观测通常是在望远镜的极限附近进行的，很难避免系统性的误差。其他的误差并不重要。消除场星是一个简单的统计学问题，可能会引起细微的偶然事故，但不会产生明显的系统错误。前面已经提到过偶尔会混淆恒星和球状星团。

该标尺似乎对于初步探测的目的非常有效，并且速度－距离关系提供了一致性的独立证据。

最亮星标尺的应用

（a）适用于已分解星云的光度函数

最亮星的标尺已应用于三个主要问题，所有这些问题都有助于制定普遍意义上的光度函数。这些问题分别是（a）已分解场星云的光度函数,（b）室女座星团的距离,以及（c）速度－距离关系的数字标尺。

如前所述,光度函数严格来说就是给定空间体积内的星云绝对星等的频数分布。刚好收集到这些数据是不可能的,但是可以从任何星云大样本中随机选择已知距离的星云,经推算可以得出相同的频数分布。然而,重要的是距离标尺的离差应该相当小。已分解的场星云提供了唯一接近此规格的大量数据。

在使用威尔逊山大型反射望远镜拍摄的照片中,可以在大约125个星云中可靠地识别出恒星。最亮星的视星等（m_s）及星云本身的视星等（m_n）已经过测量或估算,并且对每个星云计算出了差值 $m_s - m_n$。这些差值比较出了星云最亮星的光度与星云的光度。例如,5星等的差异意味着星云比其最亮星亮100倍,相差10星等则亮10 000倍。如果恒星亮度完全相等,那么差值将直接表明星云的绝对星等。

这样,这些差值的频数分布可以完全确定出光度函数。当然,实际上的最亮星之间的离差会使此问题变得更复杂,尽管其影响很小并且可以计算出来。

差值 $m_s - m_n$ 的频数分布如图11所示。这些点清晰描绘出经调整的恰当数据符合正态误差曲线。平均或最大频数差为7.84星等,离差为0.94星等。离差是将最亮星和星云的离差同时计算在内。当去除前者时,可以发现单独星云的离差约为 $\sigma = 0.84$。因此,已分解星云的光度函数是一条正态误差分布曲线:

星云数

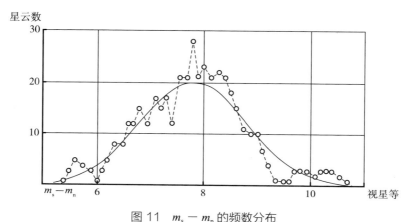

图 11　$m_s - m_n$ 的频数分布

m_n 和 m_s 是星云及其最亮恒星的视星等。由于所有星云中最亮星的本征光度（烛光）大致相同，因此差值 $m_s - m_n$ 表示以最亮星为单位的星云的本征光度。因此，当从 $m_s - m_n$ 的值中减去这个单位的绝对星等 $m_s = -6.35$ 时，该图就代表了星云的各种绝对星等的相对频数。

图 11 中大约包含了 125 个星云，并且通过使用三个连续值的叠加来使观察到的分布曲线（虚线）得到修匀。实线是一条正态误差分布曲线，其离差为 $\sigma = 0.9$。

$$M_0 = -6.35 - 7.84 = -14.2$$

$$\sigma = 0.84$$

星云的平均光度约为太阳的 8500 万倍。离差表明，大约一半的星云处于平均光度 1.5～2 倍的狭小范围内，是通过对不同类型在星云团中出现的星云及速度－距离关系的比较研究得出的此函数，其可以泛化至所有类型的星云。

（b）室女座星团的距离

在星团中发现了各种类型的星云，其中椭圆星云和早型旋涡星云占绝大多数。一项在单个星云团内对视星等的研究表明，各种类型星云的平均光度和离差在整个分类序列中是有可比性的。如果出现系统性变化，则是因为它们太小而无法通过已知数据来确定。

因此，只要作为一个群体的属团星云与场星云具有可比性，则已分解星云的光度函数就可以暂时适用于所有类型的星云。

只有当可以使用星云团的距离时，才可以解答出可比性的问题。如前所述，这些星云团之间非常相似。它们的相对距离众所周知，根据任何一个星云团的绝对距离都将确定出它们全部的绝对距离。幸运的是，最近星云团的距离可以通过与已分解场星云相同的标尺来估算，即通过最亮星来估算。

距离最近的室女座星团具有相对较多的旋涡星云。可以在大多数晚型旋涡星云（S_c）中识别出恒星，但在早型中却仅有少数几个可以辨认出的恒星。实际观测到的最亮星的视星等范围约为 $m = 19 \sim 21$，平均值在 $20 \sim 20.5$。真实的平均值，包括未分解和已分解的旋涡星云，必须是根据观测到的星等频数分布估算出来的。采用 $m = 20.6$ 这个值应该是正确的量级。这些恒星相应的绝对星等为 $M_s = -6.1$，因为选择效应不适用于所有成员与观察者的距离大致相同的星团。因此，视星等和绝对星等之间的差值关系为：

$$m - M = 26.7$$

它被称为距离系数，此距离约为 700 万光年。

星团中的所有旋涡星云尚未全部分解，由于观测结果不完整，

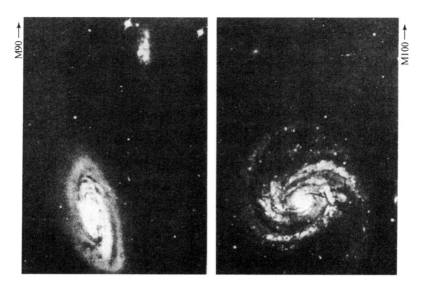

图版十三　室女座星云团中的星云（M90 和 M100）

　　室女座星云团（距离 700 万光年）是离我们最近的大型星云团，也有其特殊之处，除了在常见星云团中占大多数的早型旋涡星云和椭圆星云外，还含有相当数量的过渡型和晚型旋涡星云。因此，室女座星团提供了一个良机，可以对在分类序列不同阶段的星云恒星组成进行比较。这个星团中的大多数 S_c 型星云可以用 100 英寸的反射望远镜进行局部分解，最亮星的视暗弱度反映了距离的量级，其中最亮星是 M100。

　　S_b 型只可以分解出来少数的星云，其最亮星比 S_c 型星云中的更暗弱。M90 是一个难以界定的样本，一些非常暗弱的天体被不太确定地识别为单独的恒星。通常来说，早型的星云团成员都是未被分解的。

　　这两张照片是用 100 英寸反射望远镜拍摄的，M90 拍摄于 1935 年 12 月 21 日，M100 拍摄于 1925 年 1 月 21 日。照片顶部均为北方，比例为 1mm ＝ 4″.25。

所以结论并不是最终的。尽管如此，距离的大概量级已经建立起来了，并且所有类型的属团星云的大量样本集合都可与全体视场中已分解的星云进行比较。属团星云的视星等范围从 $m = 10.2$ 到星等 $m = 15$ 或更为暗弱，最常见的星等大概约为 $12.7±$。较亮的极限已确定，但较暗弱的极限尚不确定，即突然出现的星团成员很难与场星云区分开来。从模数 $m - M = 26.7$ 导出的相应绝对星等范围为 $-16.5 \sim -11.7$ 或更暗弱；最常见的是 $-14±$。因此，属团星云与已分解的场星云相当。后者的光度函数可以放心地推广到包括所有类型的星云。

（c）速度 - 距离关系

应用最亮星标尺的第三个问题是对速度 - 距离关系的数值公式化。校准后，该关系可以反映所有速度已知的星云的距离，从而反映其本征光度。由于其中包括所有类型的星云，所以这些信息对解决光度函数问题有重要贡献。

速度 - 距离关系是根据非常简单的数据得出的，即星云光谱中的红移和星云或其最亮星的视星等。速度（红移的简单倍数）针对太阳运动进行了校正，当然也包括了星云的未知本动。这些本动表现为距离效应中的偶然误差，尽管它们对于单个星云来说是未知的，但它们对统计学意义上的平均值的影响是可以估算并部分消除的。星等根据银河系掩星及红移造成的某些影响进行了校正，这将在第八章中更全面地讨论。如今，将使用术语"校正"星等 m_c 来代替"观测"星等 m_0，而不再深入解释。此关系表示为：

$$m_c = m_0 - \Delta m_0$$

其中 Δm_0 是红移效应。校正值 Δm_0 随着红移而增加，但只有红移到达 3000 英里 / 秒以上的速度时才变得重要。

速度的对数 $\lg v$ 和视星等 m_c 之间的关系是从三组独立的数据中得出的。第一个是已分解场星云的速度和最亮星的星等之间的关系（29 例样本），第二个是所有类型场星云的速度（无论是否分解）与星云本身的星等之间的关系（103 例样本），第三个是星云团速度（每个星云团速度代表的是星云团内观测到的所有速度的平均值）和星云团中第五亮的星云星等之间的关系（10 例样本）。

这三个相关性如图 12 至图 14 所示，可以用以下公式表示：

$$\lg v = 0.2 m_c - 1.197 \text{（最亮景）}$$

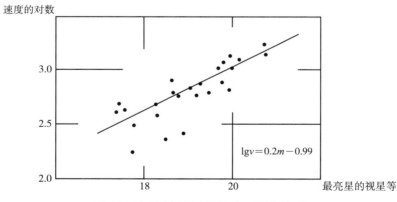

图 12　从最亮星得出的速度 – 距离关系

速度（单位：千米 / 秒，根据太阳运动进行校正）的对数根据星云中最亮星的视星等（根据局部遮光进行校正）进行标绘，本星系群中的星云可忽略不计。线性图主体下方的三个点可以通过本动来解释。

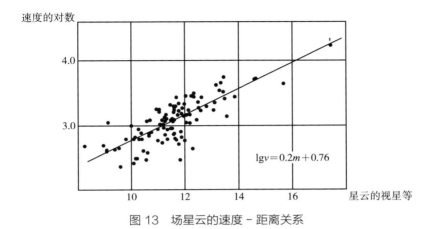

图 13　场星云的速度 – 距离关系

速度（单位：千米／秒，根据太阳运动进行校正）的对数根据星云的视星等（根据局部遮光进行校正）进行标绘。本动的影响在较亮（较近）的星云中明显可见。

$$= 0.2m_c + 0.553（场星云）$$

$$= 0.2m_c + 0.818（星云团）$$

其中速度 v 以英里／秒表示。这些公式精确地描述了相同的速度 – 距离关系。常数的差异是指用作距离标尺的天体绝对星等的差异。当已知一个最亮星的平均绝对星等标尺，则速度和距离之间的正比关系就可以用数字表示出来，而且可以确定出其他标尺的绝对星等，这两个结果都是非常重要的。

速度 – 距离关系的校准

速度 – 距离关系的校准如下。距离（单位：光年）的表达式是：

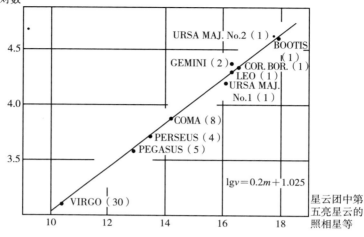

图 14　星团的速度－距离关系

速度（单位：千米／秒，根据太阳运动进行校正）的对数根据星云团中第五亮星云的视星等（根据银河系遮光进行校正）标绘。每个星云团速度是在星云团中观测到的各个单独星云速度的平均值，括号中的数字表示星云数量。

$$\lg d = 0.2(m_c - M) + 1.513$$

M 是视星等为 m_c 天体的绝对星等。因此，对于最亮星 $M = -6.35$：

$$0.2m_c = \lg d - 2.783$$

当把这个 $0.2m_c$ 的值代入最亮星的关系式中，

$$\lg v = \lg d - 3.98$$

$$v = 0.000105d$$

$$d = 9550v$$

因此，星云的距离每增加百万光年，其视速度约增加 105 英里 / 秒（550 千米 / 秒 / 百万秒差距）。

另一种分析数据的方法会得到稍小但更有可能正确的系数值。$\lg v$ 和 m_c 之间的相关性，可以更准确地描述为速度 – 星等关系，而不是速度 – 距离关系，速度 – 距离关系会受到由于本动导致的残差不对称分布而产生的误差。缺乏对称性则很难进行评估和校正，特别是在距离效应必然很小的已分解星云的情况下。然而，这些星云是仅有的根据基本标尺推算出距离的天体，所以它们也必然被用于数值校准。

通过使用简单的速度值而不是 $\lg v$ 及根据模数 $m_0 - M$ 计算的简单距离，可以避免速度 – 星等关系中的误差。由于本动而产生的残差此时是对称分布的，并且在考虑进大量星云的平均速度时通常会相互抵消掉。相反，平均距离将存在系统误差，但所需的修正很小并且很容易被计算出来。在已分解星云的情况下，最亮星的绝对星等中的离差为 0.4 星等，其平均距离只需增加 1.7%。

速度 – 距离关系从坐标原点（观测者）开始，并且已知近似于线性关系（根据对星云团和遥远场星云的观测）。现在，已分解星云的平均速度和平均距离作为一个整体，给出了一个该关系必定经过的点。该点决定了该关系线的斜率（速度随距离增加的比率）。现在根据 29 个已分解的场星云的可用数据得出了以下值：

$$\bar{d} = 407 \text{ 万光年}$$

$$\bar{v} = 412 \text{ 英里 / 秒}$$

$$v/d = 101 \text{ 英里 / 秒 / 百万光年}$$

= 530 千米 / 秒 / 百万秒差距

这里的 $\bar{d}$ 值包括前面提到的 1.7% 的校正值。当省略此校正值时，可以在这一假设的情况下计算速度 – 星等关系中的常数，其本动可以忽略不计。常数的值为 － 1.204，与之前使用的校正值 － 1.197 非常接近。

速度 – 距离关系的类似校准可以在常见的场星云和星云团中进行。其结果与已分解星云的结果相似，但它们不是相互独立的，因为距离或者更准确地说是距离标尺的绝对星等是根据最亮星这一基本标尺得出的。因此，各种校准一致强调了数据的一致性，但对距离效应的绝对定标贡献很小。

直接根据速度 – 距离关系校准距离效应可以估算出星云本动中的离差。该关系残差的总离差（以速度表示）约为 155 英里 / 秒。其中本动贡献了约 125 英里 / 秒，其余差值则分为偶然误差和最亮星绝对星等的散射。

尽管对于绝对距离效应来说，101 英里 / 秒 / 百万光年的系数是更可靠的度量值，但从速度 – 星等关系推导出的系数足以满足对三个相关性中的距离标尺进行比较了。前述公式可以被应用于每个速度已知的星云和星云团。速度（单位：英里 / 秒）除以 105 就可以得出距离（单位：百万光年）。此距离与视星等一起确定了绝对星等。对由此收集到的绝对星等名录进行分析可以确定光度函数，包括频数分布的形式、平均星等和离差。

然而，可以通过更简单的方式直接从三个相关性公式中的常数和残差推得该信息。各种距离标尺的平均绝对星等的差值显然是相关性公式中常数差值的五倍。因此，场星云是比最亮星更亮的星等。星团中第五亮的星云与最亮星相差星等。因此，三个标尺的绝对星等是

$$M_s = -6.35（最亮星）$$

$$\overline{M} = -15.1（场星云）$$

$$M_5 = -16.4（星云团中第五亮的星云）$$

属团星云的光度

星云团中第五亮的星云平均下来比最亮星云暗弱 0.5 星等或更少。因此，最亮星云的平均绝对星等约为 － 16.9。星云团中最亮与平均或频数最大的星等之间的差值并未得到精确确定，但长期以来一直使用近似值，即 2.5 星等。因此，属团星云的平均绝对星等似乎约为 － 14.4，之前从星云团成员中最亮星得出的值为 － 14.0。这两个近似值的平均值即 － 14.2，与在全体视场中已分解星云根据最亮星作为距离标尺得到的值是一致的。

选择效应对统计距离标尺的影响

这些值是指给定某一空间体积中所有星云的平均值，由符号 M_0 表示。另一个符号 M 曾在相关性公式中用来表示场星云的平均绝对星等，M 指的是给定视星等的所有星云的平均值。只有当所有星云的本征光度恰好相等时，这两个量才会相等。事实上，有些星云比平均值亮 10 倍，而另一些星云则暗 10 倍。具有特定视光度的星云列表包含不同本征光度的混合星云，这些星云分布在很大的范围内。有些星云是暗弱且很近的，另一些星云是明亮而遥远的（图 15）。

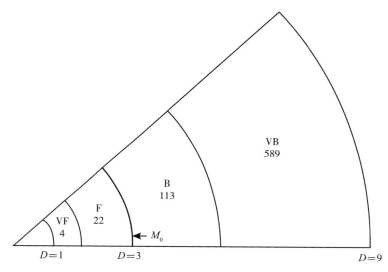

图15　同视光度星云的空间分布

在看起来同样明亮的星云中，包括了具有不同本征光度的天体，这些天体分布在很宽的距离范围内。因此，如果正常星云（M_0）位于 $D=3$ 的距离处，则自身暗弱（F）和极暗弱（VF）天体的距离将更近（近至大约 $D=1$），而明亮的（B）和非常明亮（VB）的天体将分布在更远的距离（大约 $D=9$）。四个等级（VF 到 VB）分布的相对空间体积由符号下方的数字表示。

由于星云的分布大致均质，因此在那些看起来亮度相同的星云中，本身明亮的星云会比本身暗弱的星云多得多。因此，具有给定视星等的星云的平均绝对星等将比给定空间体积中星云的平均绝对星等 M_0 更亮。

　　目前星云在空间中的分布大致是均质的，该表述不仅适用于任意特定本征光度的星云，也适用于所有光度的星云。均质的分布加上本征光度的离差，导致了一个奇怪的结果。稍微考虑一下具有相同视光度的星云列表。本质上较暗弱的星云，由于它们距离较近，所以分布在相对较小的空间体积中，而本质上明亮的天体，因为它们距离较远，所以分布在相对较大的空间体积中。因此，在给定视光度的星云中，本质上明亮的星云数量远远多于暗弱星云的数量。显然 $\overline{M}$ 会比 M_0 更亮。每当在统计研究中使用离差相当大的距离的光度标尺时，就会出现这种情况。

　　该问题的完整解答可以表述如下。如果空间分布是均质的，并且光度函数（给定空间体积中绝对星等的频数分布）是一条具有最大值 M_0 和离差为 σ 的正态误差分布曲线，则对于给定视星等的绝对星等频数分布将是具有相同离差 σ 的正态误差分布曲线，但其具有的最大值 $\overline{M}$，其比 M_0 更亮。

$$M_0 - \overline{M} = 1.382\,\sigma^2$$

这个差值是前面提到的与最亮星离差有关的选择效应。当根据视星等选择星云时，必须使用 $\overline{M}$，正如它们处于场星云的速度 - 距离关系中和在对连续极限星等的巡测中一样。M_0 适用于根据其所涉及的恒星选择的星云和星云团。

场星云的光度

　　$\overline{M} = -15.1$ 是从所有类型的场星云的相关性公式中得出的，$M_0 = -14.2$ 是根据最亮星选择的已分解场星云中得出的。后一

个离差为 $\sigma = 0.84$。因此，对于实际观测到的几乎所有类型的已分解场星云中提供了这个值：

$$\overline{M} = M_0 - 1.382\sigma^2$$
$$= -14.2 - 0.93$$
$$= -15.13$$

后一组的离差可以直接根据速度－距离关系中的残差算得。当消除本动的影响后，M 中的离差约为 $\sigma = 0.85$ 或稍小些，与已分解星云的离差基本一致。属团星云中的离差尚未得到精确确定，但它似乎与场星云的离差在大致相同的量级。因此，它们的结果在数值上是完全一致的，而且在不同的群体中没有发现明显差异。

对场星云速度－距离关系式中使用的数据进行更详细的分析，可以得出如表 6 所示的各类型的 $\overline{M}$ 值。

表 6　各种类型星云的绝对星等

类型	数目	平均绝对星等（$\overline{M}$）
E0 ～ E2	11	－15.3
E3 ～ E7	12	15.2
S_a ～ SB_a	23	15.2
S_b ～ SB_b	27	15.1
S_c ～ SB_c	25	15.1
Irr	5	－14.4

除了五个不规则星云外，这些值都很相似，而由于数量有限，无法充分确定数据所体现的早型和晚型之间细微的系统差

异。不规则星云异常低的光度似乎是真实存在的，因为它可以通过本星系群中另外四个不规则星云的平均星等得到证实。

125 个已分解星云和 103 个场星云的这两个样本集合内，有 29 个共有的天体，但它们也是各自独立的。对 2 个列表和 10 个星团的分析得出的结论是，所有星云都是相似的系统，无论它们的类型如何，无论它们是星团的成员还是在全体视场中孤立存在的。唯一的例外似乎是罕见的不规则星云的平均亮度可能只有其他星云的一半。假如其他类型的平均光度之间存在系统差异的话，那么它们是非常小的，以至于只能从大量的非常精确的数据中才能体现出来。

因此，在星云世界或至少是已观测的部分看起来是一个广泛的空间区域，其中均匀分布着相似的系统。星云距离的尺度是已知的。已经对本征光度进行了相当详尽的讨论，但为了方便起见，可以对结果进行概括。星云的平均亮度约为太阳的 8500 万倍。最亮的星云大约比平均亮度高 10 倍，最暗弱的星云大约比平均亮度暗弱 10 倍，但大约一半的星云处于平均亮度的 1.5 ~ 2 倍的有限范围内。可以收集到与此信息相关的其他一般物理量是绝对尺寸和质量。

星云的尺寸

线性尺寸源自关于分类的讨论中所提到的直径－光度关系推得（第二章）。在分类序列的任何阶段，此关系式均为：

$$m + 5\lg D_a = 常数$$

其中 m 是星云的视星等，D_a 是以弧分为单位的角直径。从球状星云到疏散旋涡星云，该常数在整个序列中不断增加，并且已针对各种标准阶段或类型进行了计算。因此，当任何一种类型的固有直径或线直径已知时，可以轻松地计算出其他类型的固有直径或线性直径。

从星云的视光度到本征光度和视尺寸到固有尺寸的归算是通过以下关系式进行的：

$$\lg d（光年）= 0.2（m - \overline{M}）+ 1.513$$

由此可推得

$$m = 5\lg d - 22.665$$

和

$$D_a = 3438 \times \frac{线直径}{距离}$$

最后一个关系式只是一个定义。将这些表达式代入直径 - 光度关系后，线直径（单位：光年）也就是 D_1 为：

$$\lg D_1 = 0.2 \times 常数 + 0.997$$

随即可根据先前得到的不同类型星云的常数值（第二章）推得 D_1 的数值。

需要强调的是，星云图像的角直径是随机任意量。它们随曝光条件和测量方法的不同而有很大差异，并且常数的值也会随之发生相应的变化。任何同质数据都提供了沿序列分布的可靠的常数相对值，但尺度的零点取决于规格（曝光和测量方法）。通过这些研究，各类星云主体部分的近似线直径如表 7 所示，它们对应于先前的一组特定数据所给出的常量。

表 7 星云的直径

类型	直径	类型	直径
E0	1900（光年）	（S0）	5300（光年）
E3	2800	S_a	6000
E7	4800	S_b	7600
SB_a	5500	S_c	9500
SB_b	6300	Irr	6300
SB_c	8700		

星云质量

可靠质量的确定是星云研究中的一个突出问题，已经使用的两种方法得到了截然不同的结果。然而，当综合考虑时，它们就显示出了一个质量上的大概量级，在问题得到更令人满意的解决之前可以暂时采用它。

一种方法是基于光谱自转。一般来说，星云是围绕短轴快速自转的透镜状系统。在少数情况下，星云几乎是侧对着我们的，在这种情况下沿长轴的不同点测量了视向速度，并确定了自转的性质。范围相当大的核区似乎保持着其形状并像固体一样旋转。然而，外部区域落在后面，并且滞后随着与核区的距离增加而增加。根据简单的动力学原理，我们还不能很清楚地解释这种行为，它表明整个巨大核区的密度是均匀的，与已观测到的光度梯度形成了鲜明对比。

除了动力学图像中的不确定性之外，星云赤道平面上某一点的轨道运动应该由轨道内物质的质量决定。该质量的计算方式与根据地球（或其他行星）的轨道运动计算出太阳质量的方式大致相同。星云中超出所考虑轨道的外部质量只能估算，如果使用以已知速度转动的最远点进行计算，则外部质量应该是相对于内部质量较小的值，并且估计的误差应该更小。

四个星云及银河系的光谱质量如表8所示。它们的质量约为太阳质量的10亿至2000亿倍，平均约为500亿个太阳质量。然而这些星云比平均星云更大、更亮，毫无疑问，它们的质量也异常大。适当的修正是推测性的，但是，我们可以假设质量最近似的直接随光度变化。在这种情况下，中等星云的平均质量约为太阳的20亿倍。

表 8　星云的光谱质量

星云	类型	质量（太阳的倍数）	光度（太阳的倍数）	M/L
M33	S_c	10^9	1.45×10^8	7
M31	S_b	3×10^{10}	1.7×10^9	18
NGC4594	S_a	3.5×10^{10}	1.5×10^9	23
NGC3115	E7	9×10^9	1.6×10^8	56
银河系	（S_c？）	$2 \times 10^{11} \pm$		
平均值		5×10^{10}		26

*M代表质量而不是绝对星等。

比率M/L随星云类型的变化是具有启发性的，但数据太少，无法将其确定为普遍特征。NGC3115的结果源自赫马森未发表的自转测量。

辛克莱·史密斯最近采用了第二种估计星云质量的方法。对室女座星云团 32 个成员的视向速度的分析表明，该星云团的逃逸速度约为 1500 千米 / 秒。根据这个量测量出了引力场，从而测出了星云团的总质量。这个总质量除以成员数量，就得到了每个星云的平均质量。后者的质量约为太阳质量的 2×10^{11} 倍，或者大约是光谱自转显示出的质量级的 100 倍。忽略不计星云团中的星云间物质，这种物质可能存在，但观测结果没有理由认为其数量比集中在星云中的物质数量要多。

这种差异似乎是真实存在且重要的。由星云团提出的动力学问题似乎比星云自转的问题更简单，就这一点而言，星云团质量可能具有更大的说服力。从某种意义上来说，星云团质量是上限，由于对最外部区域中的物质相关的假设，自转质量可能将其视为下限。然而，在差异大幅减少之前，结果必须被视为是不令人满意的。

对质量的讨论完成了对星云的初步勘察。这些研究充满了不确定性，而且数值结果主要是估计值，当更精巧的技术和更大的望远镜可以应用于解决问题时，这些估计值将得到修正。尽管如此，关于星云距离的尺度、星云的普遍特征等有价值的信息已经被收集了起来，例如它们的光度、尺寸和质量、它们的结构和恒星含量、它们在空间中的大尺度分布及奇怪的速度 – 距离关系式。这些数据可以勾画出星云世界的大致特征。这些轮廓也许还没有形成明确的形式，但它们足够清晰，可以在了解个别问题与总体方案的关系的情况下对个别问题进行研究。

第八章
星云世界

前面几章已经描述了星云的表观特征及其分布、研究其内在特征的方法的发展及新方法所得出的结果的性质。现在可以将星云世界视为一个单位，并将可观测天区视为宇宙的一个样本来讨论是有可能的。

探索从一个孤立的恒星系统（星云）开始，穿过恒星群，进入一个其他星云稀少的广阔太空区域。奇怪的是这些星云都属于同一类且十分相似的成员。由于它们的本征光度是已知的，因此可以确定它们的距离并绘制它们的分布图。它们有些单独出现，有些成群出现，偶尔也出现在大型星团中，但当对非常大的天区进行比较时，星团的趋势就会趋于平均，每个天区间非常相似。

初步勘测显示出整个可观测区域大致是均质的。显然，下一步则是在勘察之后进行仔细的巡测，并根据有关星云自身的所有可用数据来解释其结果。随着信息的积累，将会重新解释该结果，并且更加精确地重复着巡测。因此，通过逐步推进，就有可能获得我们所能观测到的宇宙样本的全面信息。只有这样，推论方法才能超出望远镜的范围，并得出比单纯猜测更重要的结论。

连续极限巡天勘测

逐步推进中的一步就是之前在讨论星云分布的表观特征时提到的巡天勘测（第三章）。已经通过大型反射望远镜完成了五次巡天勘测，极限星等分别为 18.5、19.0、19.4、20.0 和 21.0。对结果的粗略检视表明星云的空间分布大致是均匀的。然而，详细分析显示出明显的渐趋稀疏。均质分布的偏差虽然很小，但随着巡天勘测距离的延长也系统性地增加了。

现在已知红移会归入这些效应之中。由于红移降低了视光度，因此视距离随之增加了，从而越暗弱的星云观测到的分布空间体积与实际情况相比就越大。根据计算中对所使用红移的特定解释，与表观均质性的预期偏差的数值略有不同。然而，就所有的解释而言，它们都与观测到的偏离值处于相同的量级。因此，在对观测中的光度进行红移校正后，星云的分布再次显示出均质状态，并且现在达到了非常接近的近似值。作为最后一步，反过来进行这一论证。假设星云的分布是绝对均匀的，并且观测到的偏离现象用于检验关于红移的各种解释。

巡天勘测的基本数据是每单位面积的星云平均数量 $\overline{N}$，等于或亮于各种视星等 m。这些数字用 $\overline{N_m}$ 表示，其中单位面积是一个平方度（大约是满月面积的 5 倍）。星云分布由 $\overline{N_m}$ 随 m 增加的方式来表示。

在五次巡天勘测中极限星等 $m = 19.0$ 的那一次，是由梅奥尔在利克天文台使用 36 英寸反射望远镜进行的。其他几次巡天勘测是使用威尔逊山的 60 英寸和 100 英寸反射望远镜进行的。

这些数据代表了约 900 个视场中的星云计数,其分布在整个北极冠及南极冠的一半或一半以上的区域。由于局部遮光带来的不确定性,所以未计入银河带。

通过根据精确度的变化、大气消光和银河系遮光的修正,实际识别出的星云数量已归算为标准条件,代表了超过 10 万个星云的校正计数被转换为每平方度的数量,以便比较从不同望远镜获得的平均结果。对误差的可能来源的研究表明,校正后的计数在完整性方面可能是令人满意的,但非常暗弱的极限星等必然会受到一些不确定因素的影响。

各个巡天勘测结果都表现出与第三章中所描述相同的全天分布普遍特征。两个极冠的平均结果相似,天空表面没有系统性的变化;随着样本平均大小的增加,各个样本之间的离散减小。每次巡天勘测中得出的全天大尺度分布是近似均匀分布的。

星云的深度分布

每次巡天勘测都会提供由特定极限星等作为半径所划定的某个天区内星云的数量,深度的视分布可以通过比较连续扩大的天区中的星云数量得出。具体来说,该问题涉及 m 的函数 $\overline{N_m}$。

如果星云的分布是均匀的,其数量将与分布的空间体积成正比。然后数据可由线性关系表示为:

$$\lg \overline{N_m} = 0.6m + 常数$$

这条直线与实际观测结果的关系如图 16 所示。两者的关系显然不是平行的。星云数量的增长速度慢于相应空间体积的增长速度；换句话说，随着距离的增加，星云分布似乎变得越来越稀薄。在最浅的巡天中均匀性的偏离已经很明显（观察到这一关系的斜率小于理论斜率），并且它们随着极限星等的增加而稳定增加。

上述偏差的来源显然是 N 或 m，因为在巡天勘测中没有观测到其他的量。如果仅涉及 N 的话，则观测到的关系就代表了真实的分布情况。那样，银河系将被认为位于一个巨大且大致呈球形的星云系统的中心附近，该系统在各个方向上逐渐变得稀薄。另外，如果涉及 m 的话，星云的视光度将随着距离的增加而衰减，其衰减速度将快于熟悉的平方反比定律所能解释的速度。因此，在检视真实的分布之前，有必要找出衰落的原因并消除其影响。考虑到这一点，偏差可以表示为星等的增量 Δm，以及由以下公式表示观测到的关系：

$$\lg \overline{N_m} = 0.6\,(m - \Delta m) + 常数$$

现在的问题是需要检查所有可能降低视光度的已知效应，并评估这些来源可能产生的偏差 Δm。如果已知的影响不能完全解释观测到的偏差，则残差必须归因于均质性的实际偏差或未知的衰落来源。事实证明研究出乎意料地简单。红移会降低视光度，并且这一效应随着距离的增加而增加。稍后将详细讨论这一现象，但为了便利可以先提及其中一个结论。在数据的误差范围内，红移可以完全解释观测到的偏离。

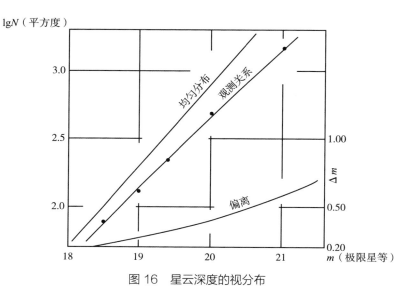

图 16　星云深度的视分布

　　观测到的线性关系仰角上的每个点代表每平方度的星云平均
数量（实际上是 lg$N$），这些星云等于或亮于由某一次巡天勘测所
确定的特定视星等。穿过点的线（观测关系）是关系式为"lg$N$ =
0.6（m − Δm）＋常数"的最小二乘解，源自 Δm 是距离的一
个线性函数这一假设。

　　在银河系的邻近区域，Δm 应该可以忽略不计，并且观测关
系应该与直线表示的均匀分布一致。随着巡天勘测延伸到更远
的距离（更暗弱的极限星等），Δm 增加，观测到的关系线与代
表均匀分布的直线发生偏离。偏离量 Δm（两条线之间的水平位
移），根据最低曲线中的 m（巡天勘测到的极限星等）绘制。用
红移效应造成的影响来解释这些偏离。

其他减少视光度的原因可能会被忽略，因为如果它们造成了明显的影响，那么它们就会过度校正观测到的偏离，星云分布的密度就将在各个方向上放射状地增加，这个概念有浓重的人为因素，以至于人们仅将其作为拯救这些现象的最后手段时才会认真考虑。

唯一已知的增加视光度（以及抵消空间吸收或其他衰弱源）的机制是星云光谱紫外线区域中异常的高强度（可能是由蓝巨星产生的）可能会因为巨大的红移被移动到可照相区域中。这种可能性已经通过多种方式进行了研究，例如通过检查明亮的邻近星云的紫外光谱和非常遥远的星云团中旋涡星云的颜色，得到的研究结果是蓝巨星的影响似乎并不重要。

根据迄今为止获得的信息，似乎不可能对观察到的偏差进行修正。因此，为了避免密度呈球形对称且逐渐增加这一不受欢迎的概念，就必须假设星云均匀分布并忽略空间吸收。这样，观测到的偏离就仅作为红移的影响而脱颖而出，并用于测试它们的解释。

分布的定量描述

因此，均质分布似乎是对星云计数最合理的解释。无论如何都可以自信地说，在数据误差范围内的分布是均匀的，并且误差很小。这个结论由图 16 中的直线和以下关系式表示：

$$\lg m \;=\; 0.6\,(m - \Delta m) - 9.09$$

从五次巡天勘测中得出的常数值与其他来源得到的数据一致。这些数据中最重要的是哈佛对较亮星云的巡天勘测，通常认为该勘测完整覆盖了全天极限星等为 $m = 12.9$ 的数据。由于红移的影响在此极限下可以忽略不计，因此可以直接使用数据来确定此常数。当排除掉室女座大型星云团并且忽略不计银河带时，这些数据所得到值为 -9.10，其数量级与上面给出的相同。当应用各种校正，将数据归算到更深远的巡天勘测尺度时，这种一致性还不太精确，但鉴于涉及的星云数量有限及各种误差，它仍然是令人满意的。

这个常数的数值表示比任何给定视星等更亮的星云的数量。借助某一给定视星等的星云平均绝对星等，可以很容易地推导出每单位空间体积的星云数量的实际空间分布。$\overline{M} = 15.1$，这是在第七章中推导出来的。平均而言，每 5×10^{18} 立方光年大约有一个星云。某一星云与其最近邻星云之间的平均距离大约为 200 万光年。银河系的近邻之间较小的间距凸显了本星系群的相对孤立。

由于孤立星云中的普遍类型可能在 S_b 型附近，因此它们的平均直径约为 1 万光年，其分布可以粗略地表示为随机分布的星云，平均间隔约为直径的 200 倍。可以以相距 50 英尺的网球来比喻这一比例。

星云的平均质量是不确定的，但前面提到的两个值，即通过自光谱自转得到的太阳质量的 2×10^9 倍和根据室女座星云团视向速度得到的 2×10^{11} 倍太阳质量，可以暂时用作最小和最大的估计值。将这些值代入空间分布的表达式中，可以发现空间中星云物质的平滑密度（单位：克／立方厘米）为：

$$\rho = 10^{-30}（最小值）$$

或

$$\rho = 10^{-28} \text{（最大值）}$$

星云际空间

这些值是利用现有方法将可以实际观测到的所有物质计算在内。星云际空间中的物质问题完全是猜测性的，与这个问题有关的唯一可观测证据是在深入最远的巡天勘测极限时，范围内完全不存在任何明显的遮光效应。空间吸收，如果存在的话，在1亿秒差距（3.26亿光年）量级的光路中可能小于0.1星等（约10%），由弥散物质造成的遮光效应随着物质的形态而发生很大的变化。可以根据普林斯顿大学罗素（H. N. Russell）的观点区分为三种一般形式，即气体（分子、原子和电子）、尘埃（直径与光的波长相当的粒子）和大块物质（直径大于光的波长）。

对于给定质量的物质，尘埃在遮挡远处光源方面非常有效，气体的效果其次，而块状物的效果则非常差。如果星云间尘埃的质量仅为集中在星云中的物质质量的百分之几，那么它的存在就很容易被检测到。因此，处于最佳状态的尘埃不会对空间中物质的平滑密度产生实质性作用。可能存在大量的气体。只有当密度是星云状物质的100倍时才能探测到自由电子。在其他形式中，将需要更大的量。诸如暗星和流星之类的大块物质可能以几乎任意数量存在于空间中，质量是星云总质量数千倍的大质量物体不会产生明显的遮光效应。因此，仅通过光度法不能完全确定空间中的物质密度。

　　然而，通过对银河系统本身的检查，而不管物质的形态是什么，有可能为星云际空间的平均密度设定一个十分明确的上限。包括银河系在内的任何星云内恒星和星际物质的总密度都明显大于外层空间的密度。此外，从星云核逐渐向外存在一个密度梯度，星云物质逐渐稀疏到模糊的边界。

　　在银河系内，太阳位于远离核心的一个异常密集的区域，称为"近域恒星系统"。由于局部密度很高，并且总体系统在朝向边界的很长距离内逐渐变薄，因此系统很可能可以勾勒出局部密度低至百分之一密度处的轮廓。局部密度的当前值主要是出于动力学上的考虑而得出的，约为 10^{-23}，因此值 10^{-25} 应该恰好代表了边界密度，该值可能是云际空间中密度的极限上限。

可观测区域

　　因此，可观察区域是均质的且各向同性，在任何地方和所有方向上都几乎相同，并且空间中物质的平滑密度大于 10^{-30} 并小于 10^{-25}。没有观测证据表明假设密度可能大于 10^{-28}。

　　可观测区域的大小很大程度上取决于如何界定。在最远的观测范围极限星等 $m = 21$ 内，应该有大约 6000 万个星云，但这个总数中相当一部分在银河系遮光效应中消失了。处于极限星等的星云平均距离约为 4 亿光年，其中一些肯定是比平均距离近得多的矮星云，而另一些则是距离更远的巨星云。因此在那些遥远的地区，由于矮星云和巨星云难以区分，只能用于统计学意义上的距离。

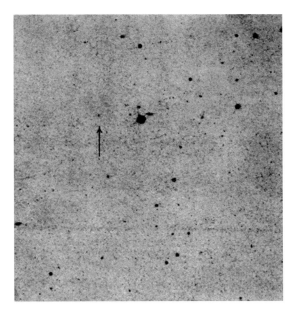

图版十四　太空深处

　　图版十四是使用 100 英寸反射望远镜拍摄的，包括北银极在内的天区照片的放大图。曝光时间为 200 分钟，采用伊斯曼·柯达公司的米斯（C. K. Mees）博士制备的一种特殊感光乳剂。这种感光乳剂（商标为 I′O）具有 100 英寸反射望远镜中所使用的所有乳剂中最高的阈值灵敏度，因此，这张照片呈现了现有望远镜所能记录到的最暗弱的天体。箭头所指向的是一个很好的样本，它是一个可以识别为星云的最暗弱天体。

　　这样的星云（视星等估计约为 21.5）的平均距离约为 5 亿光年。该图版完整记录了与恒星一样多的可识别星云，与这种数量相似的情况是对望远镜穿透力的精彩体现。该图版于 1934 年 3 月 8 日制作，中心位置位于 BD ＋ 28°.2145 偏北约 6′处，底片的制版是颠倒的，所以东在顶部，北在左侧，1mm ＝ 2″.35。

刚才给出的数值是巡天勘测的结果，并不代表望远镜放大倍率的极限。在良好条件下的长时间曝光，100 英寸反射望远镜记录下了亮度低至 21.5 星等的星云，并可以将这些星云与恒星区分开来。在银河两极的方向上掩星遮光效应最低，可识别的星云平均每平方度约 2400 个，远比恒星的数量还要多。极限星等代表的平均距离约为 5 亿光年，预计在该半径的球体内可能存在约 1 亿个星云。照相图版上记录着更加暗弱的星云图像，它们与恒星无法区分，毫无疑问的是，其中存在着极其明亮的巨星云。然而，正常是不可能记录到上述平均距离两倍的任何天体的。

红移对视光度的影响

刚才描述的可观测区域的特征是源自星云分布近似均匀的结论。分析中决定性的一步是大胆地假设星云的分布是精确均匀的，并且对其可观测到的偏差仅代表了红移和观测误差综合引起的影响。红移效应的影响是根据以下两个假设之一计算的：（a）它们代表的是运动（速度位移）和（b）它们不代表运动。由于数值结果不相同，被观测到的偏差可用于识别正确的解释。两组计算效果之间的差异很小，并且可能会混在很小的观测误差中而难以被察觉。然而，尽管最终结论的措辞必须带有适当的保留，但由于讨论的问题极为重要，所以对这一暗淡下限区域的研究勘测是必要的。

来自某一星云的辐射可以被描绘成向各个方向发射出的能量光量子包。视光度是通过量子到达观测者的比率及量子中的能量来测量的。如果能量或到达率的其中之一降低，视光度就会减弱。无论星云是静止的还是后退的，红移都会减少量子的能量。因此，无论对红移的解释如何，都可以预测出某种"能量效应"。如果星云正在远离观测者，则到达率（即每秒到达观测者的量子数）就会减少，反之则不会。这种现象被称为"数量效应"，理论上将为红移被解释为速度位移提供关键的检验。

数量效应

数量效应的操作可以描述如下。想象两个距离相同的相似星云，一个相对于观测者静止，另一个以速度 v 退行远去。两个星云每秒向观测者的方向辐射相同数量的量子。在一秒结束时，来自静止星云的量子所辐射到距离为 c 的路径上，这里 c 是光速；而来自后退星云的量子辐射在路径 $c + v$ 上，该路径比其他路径长了（$1 + v/c$）倍。来自后退星云的量子流的密度会明显小于来自静止星云的量子流的密度。因此，观测者每秒接收到的量子更少，所以后退的星云看起来比静止的天体更暗。视光度减小的系数就是上面给出的（$1 + v/c$），对于我们来说，它等价于（$1 + d\lambda/\lambda$）。

数量效应是非选择性的，对于所有波长来说都是相同的，并且将相同的星等增量 Δm 添加到任意系统的星等上，例如热星等或照相星等。

此增量为：

$$\Delta m\,(N.E.) = 2.5\lg\,(1 + d\lambda/\lambda)$$

其中，$N.E.$ 表示数量效应。

能量效应

无论星云是否正在后退，能量效应都会起作用，可以根据以下基本关系式进行评估：

$$能量 \times 波长 = 常数$$

这适用于所有量子。如果乘积结果保持恒定，因为红移会增加波长，所以能量必然会降低。该因子与数量效应的因数（$1 + d\lambda/\lambda$）相同，但能量效应是选择性的。

如果可以在地球大气层外测量所有波长的总辐射，则称热光度的视光度将减少（$1 + d\lambda/\lambda$）倍。因此，热星等的增量为：

$$\Delta m_{\mathrm{b}} (E.E.) = 2.5\lg (1 + d\lambda/\lambda)$$

其中，$E.E.$ 表示能量效应。

由于这种效应是选择性的，因此必须穿过大气层（选择性吸收）、使用望远镜（选择性反射），直到在照相底片（选择性灵敏度）上进行追踪，然后才能估算出照相星等的增量。该过程比较复杂，这里不会展开描述。相反，假设已经进行了计算，并且选择的总效应由星等 K 来表示。

那么照相增量为：

$$\Delta m_{\mathrm{pg}} (E.E.) = 2.5\lg (1 + d\lambda/\lambda) + K$$

在这里

$$K = \Delta m_{\mathrm{pg}} - \Delta m_{\mathrm{b}}$$

K 随红移变化。

对 K 的估算在一定程度上取决于无法直接观测的初始非频移

辐射的特性。推断出这些特性是必要的，而计算红移效应的主要误差就源于这种必要性。星云像恒星一样辐射，其有效辐射的合理假设是星云比太阳温度稍高，像其有效温度约为 6000 摄氏度的恒星一样辐射，这一假设可以让 K 值处于合理的量级。这些值远大于仅代表数量效应的增量。因此，尽管 K 的误差相对较小，但与研究对象的数量效应相比的话误差可能就相当大了。

这段历时持久的讨论要点可以简明扼要地表达为：根据红移是否代表了运动，可以推断出红移对照相星等的影响大小。具体可以表示为：

$$\Delta m\,(\text{cal.}) = 5\lg\,(1 + d\lambda/\lambda) + K$$

或

$$2.5\lg\,(1 + d\lambda/\lambda) + K$$

对于 6000 摄氏度的有效星云温度来说，Δm 的计算值与红移 $d\lambda/\lambda$ 密切相关，并由以下关系式表示：

$$\Delta m\,(\text{cal.}) = 4d\lambda/\lambda\,(\text{运动})$$
$$= 3d\lambda/\lambda\,(\text{未运动})$$

红移效应和观测到的均质状态偏离

现在可以将这些简单的关系与巡天勘测中观测到的均质状态的显著偏离情况进行比较。这种偏离随着距离的增加而增加，且关系近似线性。假设关系确实是线性的，视分布由下式表示：

$$\lg \overline{N_m} = 0.6\,(m - \Delta m) + \text{常数 } 1$$

在这里

$$\lg \Delta m \ = \ 0.2 \left(m - \Delta m \right) + 常数 2$$

这些常数可以通过常用的最小二乘法从观测数据中计算得出。得到的解在图 16 中呈现为穿过观测点的平滑曲线。曲线观测值的精确度验证了 Δm 是距离的线性函数这一假设的有效性。

现在，红移 $d\lambda/\lambda$ 也是距离的线性函数（第五章）。因此 Δm 是 $d\lambda/\lambda$ 的一个线性函数。从观测得出的关系为：

$$\Delta m \left(\text{obs.} \right) = \ 2.7 d\lambda/\lambda$$

这里观测到的系数小于根据红移的任一解释计算的关系式中的系数，但更接近于表示没有运动的系数。仔细检查可能的误差来源表明，如果红移不是速度变化，则可以解释观测结果。如果红移是速度变化，那么研究中一些重要因素一定被忽略了。

对该问题的回顾至少揭示了一个被忽视的因素，即光从各种巡天勘测的极限到达观测者所需的时间差异。当我们眺望太空时，我们也在回望时间。这些巡天勘测是最近开始的，但光离开 21 等星云在它经过 20 等星云之前大约需要经历 1.2 亿年，而它到达 18.5 等星云大约需要 2.5 亿年。在这些漫长的时期内，如果红移是由速度位移导致变化的话，星云会退行到比目前可见的暗弱程度所估算出的距离还要远得多的位置。因此，应对观测到的分布进行校正以将其简化为"同步的"描述。

确定校正的尝试提出了有关距离测量及其解释的问题，并最终将研究推入相对论宇宙学领域。

宇宙学理论

当前的宇宙学理论采用了一种被称为广义相对论的均质膨胀的宇宙模型，或者更简单地称其为膨胀宇宙。它源自表达广义相对论原理的宇宙方程式：空间的几何形状由空间内的物质决定。该方程超越了事实知识体系，只能借助有关宇宙本质的假设来解释和求解。

爱因斯坦和德西特于1917年提出的第一个解采用了这样的假设：宇宙是均匀的、各向同性的，而且它是静态的，即不随时间发生系统的变化。这些解是常规问题的特殊情况，后来爱因斯坦的解被抛弃了，因为它没有考虑红移；德西特的解则忽略了物质的存在。可以说，爱因斯坦宇宙包含物质但不存在运动，而德西特宇宙包含运动但不存在物质。这个一般性问题首先由弗里德曼（Friedmann）在1922年讨论。随后，罗伯逊（Robertson）仅根据对称性就推导出了最广义的（线素）公式。

该解涉及作为未知的量"宇宙学常数"和"空间曲率半径"。通过为参数赋予任意的值，描述出了各种可能的宇宙类型，并且假设与实际宇宙相对应的类型也在其中。观测者面临的问题是确定常数的实际值，或者至少缩小肯定包含常数的范围。

这个通解是非静态的，空间的曲率半径随时间发生变化。因此，可能的宇宙正在收缩或膨胀。这个方程式没有表明哪种替代方案是可以被预期的，但观测到的红移通常认为是当前实际宇宙正在膨胀的直接证据，这种解释也被纳入该理论中。因此，该模型被称为广义相对论的均质膨胀宇宙模型。

这个宇宙学问题引起了人们的广泛兴趣，所以讨论并不完全局限于广义相对论领域。特别是米耳恩（Milne）开发了一种"运动学"模型，该模型似乎具有十分重要的特征。然而，就我们当前的目的而言，它不需要特殊考虑，因为它已被证明与广义相对论模型的一种特殊情况非常接近，即具有负曲率的双曲线模型。

用米耳恩的话来说，根据任何宇宙结构理论都有可能绘制出一张"世界地图"，它表明了某一指定时期星云的实际分布。观测者所预期记录在其照片上的视分布被称为"世界图景"（如果理论与实际宇宙相符），这是米耳恩提出的另一个词语。如果红移是速度产生位移造成的变化，那么世界图景一定与世界地图不同，因为当光传播到观测者时，星云在持续退行。这些理论可以通过将观测到的分布与计算出的世界图景进行比较来检验。

托尔曼已经计算出了广义相对论模型世界图景的某些特征。其中的公式表示在某一给定时期的不同视星等极限范围内应观测到的星云的相对数量，从这个关系中很容易得出红移（可解释为速度位移造成的变化）对星云计数的影响。由此看来，世界图景中的红移效应正是前文中讨论的那些内容，添加了一个 R 项，即空间曲率半径。

我们在前面的讨论中忽略了曲率，并且当红移被解释为速度位移造成的变化时发现的差异可以假设用这个忽略了的因素来解释。人们需要记住的是，只有在"红移不因速度位移造成变化"这一假设下才能解释星云的计数。如果红移是速度位移造成的变化，则需要"数量效应"进行额外的校正，而这些校正会表现为差异。现在的问题是，是否可以引入足够的曲率来平衡数量效应，从而消除掉明显的差异。

托尔曼公式表明，R 的正值会减少该差异，而负值会增加该差异。因此，排除了意味着开放宇宙的负曲率，并且可能的膨胀宇宙仅限于具有正曲率的宇宙。如果红移是速度位移造成的变化，那么宇宙则是封闭的，且具有有限的体积和有限的容量。

消除差异所需的曲率非常大，因此曲率半径 R 非常小。实际上，它与现有望远镜定义的可观测区域的半径相当。因此，为了保留速度位移造成的变化，我们将被迫得出这样的结论：宇宙本身如此之小，以至于我们现在已观测到了整个宇宙的很大一部分。

进一步的信息可以在以下事实中找到：在封闭宇宙中的半径 R 与空间中物质（和辐射）的密度具有明确的关系。保留速度位移所造成的变化所需的空间尺度半径明显高于 10^{-26} 克／立方厘米的平均密度。这个值甚至比集中在星云中的物质的平滑密度的最大估计值还要大很多倍，而且我们没有发现任何可能增加密度的大量星云际物质的证据。可以想象，如果一种物质以无法探测到的形式存在，则可能存在足够量的星云际物质，但可以对这种形式的物质设定一个上限。如前所述，沿着银河系边界的密度可能不大于 10^{-25} 克／立方厘米，而周围空间的密度可能更低。辐射不会改变密度的总体量级。

如果对密度的估算完全可靠，则这个必要尺寸的曲率半径将会被证据排除掉。但如此明确的解可能是没有根据的，主要是因为关键数据充满了不确定性。通过将数据压缩到其所被允许的极限（始终在一个方向），我们可以将速度位移造成的变化放入巡天勘测的框架。那么宇宙就会很小，这个宇宙中的问题恰好在我们理解力的范围之内。

另外，如果放弃速度位移造成变化的解释，我们就会在红移中发现迄今为止尚未认识到的原理，其含义尚不清楚。广义相对论的膨胀宇宙在理论上仍然存在，但膨胀率不会由观测得到反馈。

因此，空间探索以不确定性告终，而且必然如此。根据定义，我们位于可观测区域的正中心，我们对近邻非常了解。随着距离的增加，我们掌握的知识也会逐渐消失，而且会消失得很迅速。最终，我们到达了望远镜极限的暗淡边界。在那里，我们测量阴影，并在幽灵般的测量误差中寻找几乎没有什么实质意义的界标。

如此搜寻的工作仍将继续进行。直到经验方法消耗殆尽之后，我们才需要进入梦幻般的猜想世界。